# 주말엔 옷장 정리

삶은 심플하게, 스타일은 나답게

# 주말엔 옷장 정리

이문연 지음 • 김래현 그림

옷, 행복하게 입고 계세요?

## Prologue.

옷장 정리를 통해
결국 제가 여러분과 나누고 싶은 것은
'일상의 작은 행복'입니다.

아침에 옷장 앞에 섰을 때
'오늘은 또 뭘 입지?' 하는 피로감보다는
'오늘은 이렇게 입어볼까?' 하는 기대감을 느끼고,

집에 돌아와서는
'오늘도 잘 입었다, 고마워' 하는 기분으로
옷걸이에 옷을 거는 것.

그런 작은 기쁨을 공유하고 싶습니다.

우리의 목표는
'잘 정돈되어 있고, 나에게 딱 맞는 옷장'을 만드는 것입니다.
적절한 개수의 옷이 단정하게 걸려 있어서
옷장을 언제 열어봐도 기분이 좋아질 거예요.
또 내 취향에 맞는 옷들만 있기 때문에
어떤 것을 꺼내 입어도 잘 어울리고 자신감을 줄 거예요.

그런 옷장을 만드는 이틀간의 과정을
TO DO LIST 33개로 소개했습니다.
책에서 안내하는 대로 차근차근 따라 해보세요.
토요일엔 자리만 차지하고 입지 않는 옷들을 싹 처분하고,
일요일엔 남은 옷들로 어떻게 멋지게 잘 입을 수 있을지,
그리고 추가로 구매할 아이템들은 무엇인지 고민해보겠습니다.

이번 주말이 지나고 나면 옷장도 내 마음도 산뜻해져서
새로운 출발을 할 수 있을 거예요.

**Part 3. 토요일 오후** : 남기기



**Part 4. 일요일 오전** : 매치하기

**Part 5. 일요일 오후 :** 채우기



**Column.**

# Before.

우웅-
웅-
우웅-
부비적
....?
습니다
일 뵙겠습니다!
ㅇㅇ씨 무슨 일이야?
? 미팅 한 시간
어.
아, 망했다!
벌떡
펄럭
조금 늦을 테니
사람 수대로
커피부터 사 가자…
왜 알람이
안 울렸지?

엉망진창. 이제는 익숙한 풍경이다.

단정하고 깔끔한 걸로…

이것도 별로,
저것도 별로.

옷이 이렇게 많은데
왜 입을 게 없는 거야?

오늘 날씨가 어떻지?
뭘 입어야 불편하지 않고 어울릴까…
아, 이건 어제도 그제도 입었는데.
…….
수북
뒤적
뒤적
그래,
이번 주말에는 기필코
옷장 정리를 하는 거야…!!!
…그런데 대체 어떻게 해야 하지?

# Part : 1 마음의 준비

CHEER UP!!!

# 1

## 옷장을 열 때마다 행복할 수 있다면

우리가 '오늘 뭐 먹지?' 다음으로 많이 하는 고민이 '오늘 뭐 입지?'일 것 같아요. 집 밖으로 나가기 전엔 반드시 옷장 앞을 거치니까요. 그런 의미에서 '옷장'은 집 안에 있는 다른 어떤 물건보다 나의 삶과 밀접하게 닿아 있다고 할 수 있어요.

하지만 제가 옷장 코칭을 하면서 만나게 되는 옷장은 대부분 '오늘 뭐 입지?'에 대한 답을 빠르게 찾기 어려운 모습입니다. 세탁소 옷걸이에 걸린 옷들이 약간의 틈도 없이 들어차 있고, 옷장 문을 열고 살펴봐도 내가 무슨 옷을 가지고 있는지조차 잘 보이지 않습니다. 머릿속에 떠오른 옷이 있어도 위치를 찾다가, 틈바구니에서 억지로 빼내다가 지쳐 포기해 버리지요. 만족스럽게 입지 못하니 새 옷을 계속해서 사게 됩니다. 출퇴근 시간의 지옥철을 타본 분이라면 알 거예요. 더 이상 들어갈 틈이 없을 것 같아도 미는 사람에 의해 탑승자의 수가 무한정 늘어난다는 것을요. 옷장에도 그런 미스터리한 힘이 있는 게 아닐까 싶어요. 분명 옷이 가득한데도 어제 사온 옷을 넣을 공간은 어떻게든 생기거든요.

이런 상황이 지속되면 어느샌가 옷 입는 기쁨을 잃어버리고 맙니다. 오히려 옷 입는 게 피곤한 일로 느껴지죠. 그래서 내가 진짜 원하는 옷이 아니라 '어제 입었던 옷이 아닌 옷'을 대강 꺼내 입게 되지요.

옷장에 내가 아끼고 좋아하는 옷들만 가득하다면, 어떤 옷을 꺼내 입어도 내 모습이 마음에 든다면, 매장에서 옷을 고를 때처럼 옷과 옷 사이의 공간을 손으로 훑어가며 오늘 입을 옷을 고를 수 있다면, 수명을 다해 떠날 때까지 나를 기쁘게 하는 옷들이 많다면, 그래서 옷장을 열 때마다 행복할 수 있다면 얼마나 좋을까요? 또 그런 삶은 얼마나 심플하고 상쾌할까요? 이 책은 그런 옷장과 삶을 꿈꾸는 분들을 위해 구체적인 방법을 안내합니다.

# 2

## 옷장 속 여유가 삶의 여유를 만든다

행복한 옷장을 만들고 싶다면 가장 먼저 해야 할 일이 '비우기'입니다. 빽빽하게 쌓여 있는 옷 중에서 내가 정말로 즐겨 입는 옷은 몇 퍼센트나 될까요? 대부분 자리만 차지하고 지금 나에게 아무 의미가 없는 옷들이진 않나요?

우리에게 행복감을 주는 건 많은 옷이 아니라 '입을 때마다 기분이 좋아지는 적정 수량의 옷'이랍니다. 적절한 개수의 옷이 옷장에는 공간의 여유를, 나에게는 선택의 여유를 주지요.

문제는 막상 옷장 정리를 시작하면 어떤 옷을 버려야 할지 막막하다는 건데요. 꼭 남겨야 할 옷과 비워야 할 옷을 가려낼 수 있는 방법을 이제부터 구체적으로 알려드릴게요. 과거에 즐겨 입었던 옷, 미래에 입고 싶어서 산 옷, 그저 그런 옷을 정리하고 나면 그제야 현재 나를 기쁘게 하는 옷들의 얼굴이 제대로 보일 겁니다. 지혜롭게 비우고, 아침마다 입고 싶은 옷을 바로바로 찾아 입는 기쁨을 느껴보세요.

# 3

## 비움과 채움으로 순환하는 옷장

잘 비우는 것만큼 잘 채우는 것도 중요합니다. 예전처럼 충동구매하고, 예뻐 보이는 옷을 대강 사서 채운다면 얼마 지나지 않아 옷장에 또 안 입는 옷들이 쌓이게 될 테니까요. 신중하게 채우지 않으면 악순환이 반복됩니다.

'입을 옷이 없다'라고 느끼는 건 옷을 적게 가지고 있어서가 아니라 나의 삶에 필요한 옷이 적고, 내가 표현하고 싶은 내 모습을 드러내줄 옷이 적어서예요. 결국 잘 갖춰진 옷장이란 '나의 삶과 취향을 반영하는 옷장'인 것이지요. 막 사서 입지 마세요. '나'에 대한 분석이 먼저 이루어져야 어떤 옷을 사야 할지 정확히 알 수 있습니다.

한 가지 기억해야 할 것은, 한 번 비우고 한 번 채웠다고 해서 평생 그 옷장으로 살 수 있는 건 아니라는 점이에요. '삶'과 '취향'이 변하면 옷장도 변해야 합니다. 학생이었다가 직장에 다니게 되어 라이프스타일에 변화가 생겼다면 옷장도 변해야 합니다. 예전에는 딱 떨어진 포멀 룩을 선호했지만, 요즘은 편안한 이미지로 보일 수 있는 룩을 좋아한다면 그런 아이템을 채워 넣어야 옷장에 대한 만족도가 높아집니다. 그래서 옷장은 '지금의 나'를 가장 잘 반영하고 있다고 할 수 있어요.

'지금의 나'를 닮은 옷장 만들기, 차근차근 하나씩 시작해볼게요.

# 4

## 시작하기 전에, 알아두세요

**옷장 정리는 계절과 계절 사이에**

'봄에서 여름으로 넘어갈 때', '가을에서 겨울로 넘어갈 때'처럼 새로운 계절이 시작되려 할 때 옷장 정리를 할 것을 추천합니다. 그래야 다가올 계절을 옷 걱정 없이 날 수 있어요.

**옷장은 3계절로**

우리의 삶은 봄, 여름, 가을, 겨울 4계절로 나뉘지만 옷장은 봄과 가을, 여름, 겨울 이렇게 3계절로 나뉩니다. 봄과 가을은 체감 온도가 거의 비슷하기 때문에 하나의 계절이라 봐도 괜찮아요. 그렇기 때문에 옷장은 3계절로 분류하는 것이 좋습니다.

이너로 활용할 수 있는 반팔 티셔츠나 레이어드 할 수 있는 원피스처럼 3계절 모두 입을 수 있는 옷도 있어요. 그런 옷은 계절에 상관없이 항상 꺼내놓으세요.

**즐거운 마음도 함께 준비하세요**

귀찮은 일, 번거로운 일이라고 생각하기보다는 정리를 마치고 나면 얼마나 기분이 좋을지 기대하는 마음으로 시작해보면 어떨까요?

# Saturday.

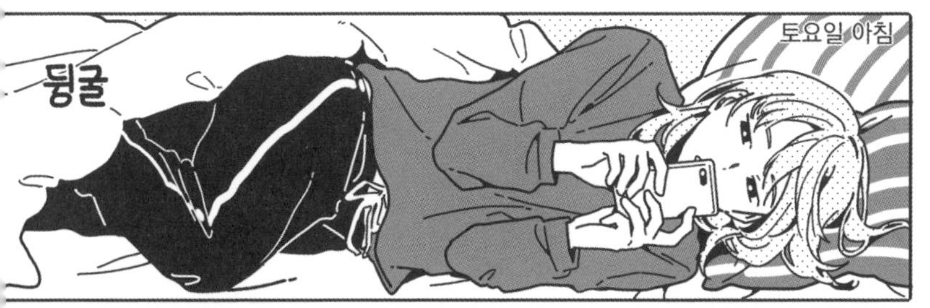
토요일 아침
뒹굴

사진
7시간
아, 진짜
귀여워~

지금이
7시 43분이니까
8시에는 꼭
일어나자.
오전 07:43
힐끔

뒹굴
톡톡

아~~ 이거
진짜 웃겨.
톡
ㅋㅋㅋ

.......
오전 08:07
힐끔
언제 8시가 넘었지?
그냥 8시 30분에
일어나자.

데구룩

…음, 9시부터 슬슬
시작해볼까?

# Part : 2 토요일 오전

## 비우기

SATURDAY : AM

To do : 1

# 두근두근,
# 설레는 마음으로 시작합니다

**여행 캐리어에 짐을 챙길 때처럼**

옷장 정리를 '해치워야 할 노동'으로 생각하지 말고 '여행 떠날 준비'를 하는 것이라고 관점을 바꾸어봅시다. 이사를 위해 옷을 정리하거나 여행을 떠나기 위해 캐리어에 짐을 쌀 때는 약간의 설렘이 있잖아요. 어딘가 새로운 곳으로 떠날 준비를 하는 것이기 때문이죠. 옷장 정리도 비슷한 면이 있어요. 여행을 가기 전과 다녀온 후의 내가 다른 것처럼 이 작업이 끝나고 나면 우리는 이전과는 다른 삶을 살게 될 테니까요.

## Check point.

□ **좋아하는 음악**

라디오도 좋아요. 음악은 그 시간을 즐기게 해줄 강력한 무기랍니다.

□ **시계**

하나의 미션을 너무 오랫동안 계속하지 마세요. 지쳐서 다시는 하고 싶지 않은 일처럼 느껴지면 안 돼요. 특히 토요일에 할 '버리는 작업'은 과감하고 빠를수록 좋습니다.

□ **종이 박스**

버릴 옷을 넣을 박스와 기부 또는 판매할 옷을 넣을 박스가 필요합니다. 박스로 공간을 분리해야 정리할 옷과 처분할 옷이 섞이는 걸 막을 수 있어요.

□ **투명 박스**

지난 계절의 옷을 보관할 박스가 필요해요. 플라스틱 또는 패브릭 소재로, 내용물을 확인할 수 있도록 앞부분이 투명한 것이 좋습니다.

**To do : 2**

# 지나간 계절의 옷과
# 다가올 계절의 옷을 분리하세요

옷장에는 해당 계절의 옷만 있어야 합니다. 사계절 옷이 뒤엉켜 있으면 항상 공간이 부족하고, 원하는 옷을 찾기도 어려워요. 먼저 지나간 계절의 옷을 차곡차곡 투명 박스에 넣어 보관하고, 그 다음에 다가올 계절의 옷을 모두 꺼내서 바닥에 펼쳐놓으세요.

### 다가올 계절의 옷을 한눈에 파악하기

바닥에 옷을 모두 펼쳐놓으면 내가 가진 옷을 한눈에 파악할 수 있어요. 사계절 옷을 모두 꺼내는 것이 아니라 다가올 계절의 옷만 꺼낸다는 걸 기억하세요. 옷장 정리를 하는 시점이 봄에서 여름으로 넘어가는 때라면 여름 옷을, 여름에서 가을로 넘어가는 때라면 가을 옷을 전부 꺼내면 됩니다.

지난 계절의 옷을 정리해 넣고 다가올 계절의 옷을 꺼내는 작업이 처음엔 조금 힘들 수 있어요. 아무래도 정리할 옷이 많을 테니까요. 하지만 계절마다 옷장 정리를 반복하다 보면 꼭 필요한 옷들만 걸러지기 때문에 갈수록 수월해질 거예요.

**How to.**

• 옷의 전체적인 형태를 한눈에 확인할 수 있도록 펼쳐놓으면 정리할 때 편리해요.

• 다가올 계절에 사용할 속옷, 양말, 가방, 신발, 액세서리도 모두 꺼내세요.

**tip.** 평소에 옷을 계절별로 분리해서 보관했다면 다가올 계절의 옷이 들어 있는 옷 박스를 꺼내오세요. 이 경우엔 옷을 바닥에 전부 펼치기보다 박스에서 하나씩 꺼내면서 정리를 진행하는 것이 더 편할 수도 있습니다.

내가 가진 모든 옷을 한눈에 파악할 수 있는 상태가 되었나요?
이제 본격적으로 버려야 할 옷들을 골라볼까요?

## Column 1. | 얼마나 많이 가지고 있나요

옷장과 박스에 있던 옷을 모두 꺼내놓고 전체 아이템의 개수를 세어보세요. 모두 몇 개의 아이템을 가지고 있나요? 옷, 신발, 가방까지 다 세어 주세요. 단, 이번 계절에 해당하는 아이템만 세는 거예요.

**• 40개 이하**

**최소한의 아이템만 있는 심플 옷장.** 아이템 개수가 많지 않아서 옷장 정리가 어렵진 않을 거예요. 가지고 있는 아이템만으로도 충분히 만족하며 옷을 입고 있는지 만족도 면에 집중하며 옷장 정리를 진행하는 게 좋겠어요.

**• 40~80개**

**대한민국 평균.** 옷장 코칭 경험으로 봤을 때 여성분들은 평균적으로 60개 정도의 아이템을 갖고 있었어요. 안 입는 옷을 정리하고 나면 어수선하던 옷장이 훨씬 깔끔해 보일 거예요.

**• 80~120개**

**필요 이상으로 꽉 찬 옷장.** 아이템이 80개가 넘어가면 매일 다르게 코디해도 그 계절에 한 번도 못 입는 옷이 생기기 마련이에요. 이번 기회에 내가 정말로 좋아하고 자주 입는 옷들만 남기고 과감하게 정리해보세요.

**• 120개 이상**

**연예인 혹은 쇼퍼홀릭.** 가격표도 안 뗀 옷이 꽤 있을지 몰라요. 옷장뿐 아니라 거실, 침실 등 여기저기에 옷이 넘실대고 있을 가능성이 높고요.

입지 않고 보관만 하는 옷들이 과연 나에게 좋은 영향을 끼치고 있는지 한번 깊게 생각해보는 게 좋겠어요.

To do : 3

# 딱 봐도 버릴 것부터 버립니다

더 이상 입을 수 없을 정도로 손상된 아이템을 골라서 '버릴 옷 박스'로 옮기세요.

---

**빠르고 과감하게 진행하세요**

고민할 거리가 많지 않아서 비교적 어렵지 않은 단계입니다. 체크포인트를 참고하여 버릴 옷들을 빠르게 정리하세요.

**Check point.**

☐ **구멍이 나거나 찢어진 옷**

수선이 어렵다면 '버릴 옷 박스'로 옮기세요. 의외로 청바지 가랑이가 찢어지는 경우가 많은데요. 심하게 찢어진 게 아니라면 수선집에서 고칠 수 있어요.

☐ **지퍼가 망가진 옷**

수선해서 입을지 아니면 처분할지 결정하세요.

☐ **너무 오래 입어서 해진 티셔츠**

목이나 손목 부분이 너덜너덜해질 정도면 정말 열심히 입었다는 증거입니다. 이제는 보내줘야 할 때!

☐ **변색된 밝은 색의 옷**

목이나 겨드랑이 부분이 땀 때문에 누렇게 바랜 셔츠나 블라우스. 세탁해도 색이 돌아오지 않는다면 처분하세요.

☐ **밑창이 닳은 신발**

교체해도 소용이 없을 정도로 밑창이 닳았다면 이별하세요.

To do : 4

# 사이즈가 안 맞는 것들을 버립니다

지금 내 몸에 비해 너무 작거나 큰 아이템을 골라서 '기부/판매할 옷 박스'로 옮기세요.

**현재를 위한 옷장**

스타일 코칭을 하면서 사이즈가 맞지 않는데도 어떻게 해서든 그 옷을 지키려는 분들을 꽤 자주 만났어요. '예전에 입었던 옷'과 '나중에 살 빼면 입을 옷'들이 문제였죠.

우리의 몸은 변합니다. 나이, 환경, 식습관 등 그 요인은 다양해요. 체중은 같아도 나이에 따라 몸의 라인이 미묘하게 달라질 수도 있고요. 물론 몸매는 예전으로 다시 돌아갈 수 있어요. 하지만 단기간에 변하진 않습니다. 그 사실을 꼭 기억해야 해요. 오랜 시간 노력이 필요한데, 그 사이에 유행이 바뀔 수도 있고 내 취향이 변할 수도 있어요.

현재의 멋을 찾으려면 과거나 미래가 아닌 '지금의 나'에 초점을 맞춰야 합니다. 맞지 않는데도 버리지 못하는 옷들이 나를 과거에 얽매이게 하는 것은 아닐까요? 과거와 미래가 공존하는 옷장은 어쩌면 나를 있는 그대로 인정하지 못하는 내 마음을 보여주는 것일지도 모르겠어요.

**Check point.**

□ 잠기지 않는 청바지

□ 기장이 너무 짧거나 긴 스커트

□ 꽉 끼는 티셔츠

□ 살 빼면 입으려고 가지고 있던 옷

□ 내 몸집에 비해 통이 너무 큰 바지

□ 입으면 어벙하게 보이는 옷이나 재킷

'루스핏'과 '사이즈가 큰 옷'을 구별해야 해요. 옷 맵시가 느껴지지 않고 그냥 남의 옷을 빌려 입은 것 같다면 버리는 게 좋아요.

□ 작아서 발가락이 꽉 끼거나 커서 걸을 때 덜렁거리는 신발

To do : 5

# 입었을 때 불편한 것들을 비웁니다

비싸게 주고 샀더라도 입었을 때 피부에 자극을 주거나 내 몸에 부담을 주는 아이템이라면 '기부/판매할 옷 박스'로 옮기세요.

**옷이 하루의 컨디션을 좌우한다**

우리는 옷을 입고 가만히 서 있는 마네킹이 아니에요. 옷을 입은 채 걷고, 일하고, 생활합니다. 불편한 옷을 입으면 그것만으로도 피로감을 느끼고 기분이 다운될 수 있어요.

신축성이 전혀 없어서 조금이라도 과식을 하면 어김없이 소화 불량을 일으키는 스커트가 있다고 가정해볼까요. 아마도 아침에 옷을 고를 때마다 그 옷을 선택하는 걸 주저하게 될 거예요. 나도 모르게 그 옷으로 인해 겪었던 고통이나 불편함이 떠오르기 때문이죠. 좋은 컨디션으로 하루를 보내기 위해서 그런 옷들과는 단호하게 이별하세요.

## Check point.

□ **신축성이 전혀 없는 바지나 스커트**

□ **까끌까끌해서 느낌이 좋지 않은 니트**

□ **너무 무거운 재킷이나 코트**

입었다가 벗었을 때 홀가분한 느낌이 든다면
무거운 옷이에요.

□ **목 부분이 너무 깊게 파인 상의**

노출이 심한 옷의 경우 신경이 쓰여서 편하게 행동을 할 수 없을
때가 많아요.

□ **너무 짧은 바지나 스커트**

레깅스와 매치하면 노출 부담을 조금 줄일 수 있어요.

To do : 6

# 최근 2년 동안
# 한 번도 입지 않은 옷을 비웁니다

예전에 아무리 자주 입었더라도 현재 입지 않는다면 의미가 없는 옷입니다. '버릴 옷 박스'로 옮기세요.

**삶이 바뀌면 옷장도 바뀌어야 한다**

입는 옷은 삶의 주기에 따라 변화합니다. 20대, 30대, 40대, 나이에 따라 어울리는 옷이 달라지고, 학생, 신입사원, 전직, 이직, 결혼, 육아 등 사회적 위치에 따라 필요한 옷이 달라지죠. 특히 '임신'이라는 사건이 일어나면 여성의 옷장은 가장 드라마틱하게 변화합니다.
라이프스타일이 변하면 옷장도 달라져야 합니다. 혹시 지금 나의 옷장이 과거에 머물러 있진 않나요?

## Check point.

**□ 오래된 정장 세트**

검은색 정장은 경조사용으로 한 벌만 남겨두면 충분해요.

**□ 경력 전환으로 입을 일이 없어진 옷들**

직종을 바꾸었거나 이직한 회사의 분위기가 달라졌다면
이전 직장에서 입었던 옷은 입을 일이 없어집니다.
과감하게 정리하세요.

**□ 10년 전에 유행했던**
**나팔핏 청바지, 통바지, 복고풍 재킷**

'유행이 돌아오지 않을까'라는 미련을 버리세요. 유행은 결코 똑같이 돌아오지 않아요. (패션 센스가 있다면 수선해서 입을 수 있지만요.)

**□ 나이가 들어 이제는 어울리지 않는 옷**

조금 더 성숙한 옷차림이 어울리는 때가 되었어요.

To do : 7

# 비싸서 못 버렸던 것들을 비웁니다

정리할 때마다 '이건 비싸게 주고 산 거라 아까운데…' 하면서 다시 옷장에 넣어둔 아이템이 있다면 이번 기회에 과감하게 정리합시다. '기부/판매할 옷 박스'로 옮기세요.

### '지금' 나를 기쁘게 하는 옷인가

입지도 않으면서 비싸다는 이유로 버리지 않고 껴안고 있으면 현재를 위한 옷장을 만들 수 없어요. (눈으로 감상만 해도 긍정적인 기분이 되는 아이템이라면 보관하는 것도 나쁘진 않습니다.) 100만 원을 주고 샀지만 지금은 애물단지가 된 가죽 재킷보다 최근에 자주 입는 3만 원짜리 인조피혁 재킷이 현재의 내 삶을 더 충만하게 한다는 사실을 기억하세요.

## Check point.

### □ 예물로 받은 명품 백이나 코트

비싼 선물이기 때문에 처분하기가 애매했을 거예요. 하지만 옷장에 고이 모셔만 두는 건 나를 위한 일도, 그 아이템을 위한 일도 아니에요.

### □ 선물 받았는데 안 입는 옷

어른들에게 선물 받은 비싼 옷. 하지만 옷은 취향을 타는 물건이라 받아놓고 애물단지가 되는 경우가 많습니다.

### □ 오래전에 비싸게 주고 산 가죽 재킷

'비싼 거'라서 가지고 있을 게 아니라, '오래전' 스타일이니까 버려야 해요. 어차피 가지고 있어도 '옛날 느낌'이 나서 입기 어렵습니다.

### □ 리미티드 에디션 명품 백

특정 아티스트와 콜라보한 제품은 패턴이 너무 화려해서 옷과 조화를 이루지 못하는 경우가 많아요.

To do : 8

# 입었을 때 왠지 자신감이 떨어지는 옷은 비웁니다

몸을 불편하게 하는 옷과 함께 마음을 불편하게 하는 옷도 비워야 합니다. 입었을 때 스스로가 초라하게 느껴지거나 부정적 감정이 드는 옷은 '버릴 옷 박스'로 옮기세요.

## 내가 보는 나의 모습

옷은 사람의 심리에 생각보다 더 많은 영향을 끼칩니다. 잘 어울리는 옷을 입으면 표정에 자신감이 가득 차게 되죠. 소개팅에서 실패한 경험이 많은 사람도 스타일링에 변화를 준 후 다시 도전하면 성공률이 높아진다고 해요. 단순히 옷이 바뀌었기 때문이 아니라 그 옷을 입은 당사자의 심리 상태(정확히는 스스로를 바라보는 자신의 이미지)가 긍정적으로 바뀌었기 때문입니다.

사람에 따라 편한 옷을 좋아할 수도 있고, 때가 잘 타지 않아서 검은 옷을 선호할 수도 있고, 가격이 저렴한 걸 중요한 가치로 여길 수도 있어요. 하지만 그 옷을 입었을 때 자신감이 떨어지거나 어쩐지 위축된다면 바로 처분하세요. '편한 옷'은 괜찮지만 '편하긴 한데 입으면 내가 초라하게 느껴지는 옷'은 버려야 한다는 거죠. 내 돈을 주고, 나를 위해 산 옷인데 입을 때마다 자존감이 낮아진다면 가지고 있을 이유가 전혀 없지 않을까요?

**Check point.**

**□ 후줄근해진 티셔츠**

오래 입었거나 빨래를 잘못해서 목이 늘어났거나 축축 처지는 옷.

**□ 일부러 구멍을 낸 티셔츠**

가끔 연예인들이 이런 옷을 입곤 합니다만 일반인이 소화하기엔 어려운 게 사실입니다. (구멍 난 옷으로 보이는 게 현실)

**□ 요란한 형광색 옷, 과한 패턴의 옷**

본인이 세련되고 성숙한 스타일을 추구한다면 너무 튀는 스타일이 마음을 불편하게 할 수 있습니다.

**□ 안 어울리는 색의 옷**

입었을 때 피부 톤이 칙칙해 보이거나 피곤해 보인다는 이야기를 많이 듣게 되는 옷이라면 나에게 안 어울리는 색일 확률이 높습니다.

**□ 나이에 안 맞는 옷**

30~40대가 10~20대를 타깃으로 한 브랜드의 옷을 잘못 입으면 상당히 어색해 보일 수 있습니다.

**□ 집에서 입으려고 놔둔 옷**

집에서 입는 옷이라도 자존감을 떨어뜨리는 느낌을 받는다면 과감하게 옷장에서 빼세요.

'편한 옷'은 괜찮지만

'편하긴 한데 입으면 내가 초라하게 느껴지는 옷'은

버려야 한다는 거죠.

뭔가
별론데…

To do : 9

# 속옷, 양말, 액세서리도 체크합니다

이런 작은 아이템들이야말로 무작정 쌓이기 시작하면 옷장 안을 어지럽히는 주범이 됩니다. 망가진 속옷과 양말, 잘 안 하게 되는 액세서리는 '버릴 옷 박스'로 옮기세요.

### 작은 부분까지 정갈하게

일주일에 한 번 빨래를 하고, 하루에 한 번씩 속옷과 양말을 갈아입는다면 넉넉잡아도 팬티 10장, 양말 10켤레 정도면 충분합니다. 브라는 이틀에 한 번 갈아입는다면 5개, 매일 갈아입는다면 10개가 필요하고요. 그런데 아마 대부분 그것보다 훨씬 더 많이 가지고 있으실 거예요. 유통기한이 있는 것도 아니고 부피도 작으니까 오래된 걸 버리진 않고 새 것만 추가하는 경우가 많거든요.

스카프와 벨트는 상황에 맞게 1~3가지만 있으면 됩니다. 나에게 가장 잘 어울리는 베스트 아이템만 남기세요. 어쩌면 어떤 게 나에게 어울리는지 확신이 없기 때문에 이것도 가지고 있어야 할 것 같고, 저것도 가지고 있어야 할 것 같은 마음이 드는지도 모르겠어요.

**Check point.**

### 속옷

□ 끈이 늘어나서 자꾸 흘러내리는 브라
□ 가슴을 너무 압박해서 입으면 답답한 브라
□ 잘못 빨아서 컵(가슴 부분)이 쭈글쭈글해진 브라
□ 보풀이 많이 일어난 팬티
□ 가랑이 사이 피부를 자극하는 팬티

### 양말

□ 구멍 나거나 해진 양말과 스타킹
□ 탄력이 없어져서 자꾸 흘러내리는 양말

### 액세서리

□ 스카프는 세련되고 차분한 느낌의 것과 캐주얼하고 밝은 느낌의 것 2개만 남깁니다.
□ 벨트는 정장에 맞는 것, 캐주얼 바지에 하는 것, 원피스나 카디건 위에 포인트로 매는 것, 이렇게 3개만 남깁니다.

## Column 2. | 무조건 많이 비울수록 좋을까요

몇 년 전 시작된 '심플 라이프' 돌풍이 여전히 계속되고 있어요. 불필요한 것들을 비우고 소유로부터 자유로워지기 위해 많은 분이 노력하고 있죠. 심플 라이프를 실천하는 과정에서 옷장 정리를 결심하는 분도 많아지며 '333 프로젝트'와 '캡슐 옷장' 만들기도 관심이 높아지고 있어요.

**333 프로젝트**

패스트 패션에 저항하는 움직임으로 시작됐으며 한 계절의 옷, 신발, 가방 등 총 아이템을 33개로 줄여 3개월을 살아보자는 취지의 프로젝트.

**캡슐 옷장**

'캡슐'이라는 단어에서도 알 수 있듯이 '미니멀 옷장'과 유사한 용어. 다양하게 매치해서 입기 좋은 핵심(key) 아이템만 갖추는 것으로, 최소한의 아이템으로 이루어진 옷장을 말한다.

불필요하게 소유한 것들을 비우는 일은 삶에 자유를 허락해요. 다만 개인적으로 모든 사람이 무조건 많이 비워야 한다고 생각하지는 않습니다. 진정한 자유는 물건의 개수가 적을 때 느끼는 것이 아니라 '내 삶에 충만함이 있을 때' 느낄 수 있는 것 같아요. 사람마다 만족감을 느끼는 물건과 옷의 개수는 다릅니다. 보관할 공간과 잘 관리할 수 있는 에너지가 충분하다면, 그리고 다양한 옷을 입으면서 만족감을 느낀다면 많은 옷을 가지고 있어도 괜찮아요.

그렇기 때문에 '무조건 옷을 더 많이 버려야겠다!'라고 결심하기보다 내가 어떤 옷장을 가지고 있을 때 만족하는 사람인지 곰곰이 생각해보셨으면 합니다. 질 좋은 최소한의 옷들만 갖추고 유니폼처럼 입는 것이 편하고 좋은가요? 다양한 스타일의 옷을 많이 가지고 있을 때 옷 입는 즐거움을 느끼나요? 해마다 그때그때 유행하는 옷들을 사서 입는 걸 선호하나요? '내가 진짜 원하는 옷장'이 무엇인지부터 고민해보세요.

## 나의 '라이프스타일'에 대해 생각해봅니다

흔히 'TPO에 맞는 옷을 입어야 한다'라고 말하죠. TPO는 시간(time), 장소(place), 상황(occasion)을 의미해요. 옷을 선택할 때 언제 어디에서 입을 옷인지를 고려해야 한다는 뜻입니다. 그런데 막상 우리는 내 삶에 어떤 상황들이 있고, 내가 어디에 자주 가는지와 전혀 상관없이 그저 예뻐 보이는 옷을 사기 바쁘지요.

집에서 주로 일하는 프리랜서의 옷장에 포멀한 옷만 가득하거나, 대외업무로 포멀한 옷을 입을 일이 많은 직장인의 옷장에 트레이닝복만 잔뜩 있다면 '입을 옷이 없다'라고 느끼는 게 당연하겠죠. 정작 삶에 필요한 옷들이 없으니까요.

내 삶이 어떤 상황들로 구성되어 있는지, 상황별로 나는 어떤 스타일의 옷을 입고 싶은지 찬찬히 떠올려보세요. 내 라이프스타일에 맞게 옷들이 갖춰져 있는지 체크해볼 필요가 있어요.

---

〔**사례 1**〕 대기업에 다니는 A는 업무 특성상 출근할 때 깔끔한 정장을 입는다. 주말에는 보통 친구와 맛집을 찾아다니거나 쇼핑하는 걸 즐긴다. 특히 요즘 유행하는 다양한 스타일의 옷을 사는 걸 굉장히 좋아한다.

**Check.** 새로운 스타일의 옷을 계속해서 사기 전에, 회사에서 입을 정장류가 충분한지부터 체크해보세요. 일주일에 5일은 출근을 하기 때문에 회사에 입고 갈 옷은 '나에게 꼭 필요한 옷'입니다. 갖고 싶은 옷보다 꼭 필요한 옷을 먼저 채워 놓으면 옷 입기가 편해져요.

---

〔**사례 2**〕 직장인 K는 최근 이직을 했다. 이전 회사에서는 유니폼을 입다가 분야를 바꿔 이직했고, 지금 회사에서는 복장이 자유로운 편이다. 주말엔 집에서 혼자 시간을 보내는 경우가 많다.

**Check.** 이전 회사에서 유니폼을 입었고, 주말에도 거의 외출을 하지 않아서 어떻게 입을까에 대한 고민 자체가 적었을 것 같아요. '이직'이라는 삶의 변화가 있었으니 그에 맞게 회사에서 입을 수 있는 세미캐주얼 또는 캐주얼한 옷들을 적절히 채워 넣으면 어떨까요?

---

예뻐 보이는 옷, 마음에 드는 옷만 자꾸 사다 보면 옷장은 가득한데 막상 입고 나갈 옷이 없어 당황하기 쉽습니다. 나의 삶에 어떤 상황이 있는지 먼저 파악하고, 그에 맞는 옷들로 옷장을 채우는 것이 먼저라는 것을 꼭 기억하세요.

# Part : 3 토요일 오후

남기기

SATURDAY : PM

To do : 10

# 나를 닮은 옷장 만들기를 시작합니다

오전에 한바탕 버렸지만 바닥에는 아직 많은 옷이 남아 있습니다. 이 중 옷장에 다시 들어갈 수 있는 옷은 과연 얼마나 될까요? 이제부터 선별 작업을 해보기로 해요.

## 꼭 필요한 옷만 골라서

지금 바닥에는 출근할 때 자주 입는 옷, 1년에 딱 한 번 입는 옷, 사놓고 한 번도 안 입게 된 옷 등이 뒤섞여 있을 거예요. '사놓고 한 번도 안 입은 옷'은 다시 옷장에 들어가더라도 여전히 입지 않으면서 자리만 차지할 확률이 높습니다. 그러니 그런 옷들은 과감하게 빼고 '내가 좋아하는 옷', '내가 자주 입는 옷'들만 골라서 옷장에 넣기로 해요. 내가 좋아하는 것들로만 채워진, 나를 닮은 옷장 만들기. 이제 시작합니다.

## How to.

바닥에 옷이 너무 엉망진창으로 놓여 있다면 조금씩 정돈을 해주세요. 어떤 옷들이 남아 있는지 잘 보여야 이후의 작업이 수월합니다.

**To do : 11**

# 바닥을 4칸으로 나눕니다

남길 옷들을 선별하려면 기준이 필요합니다. 바닥에 마스킹 테이프로 오른쪽 페이지의 그림과 같이 표시해보세요.

### 옷장에 다시 넣을 옷 고르기

지금까지 우리는 옷을 볼 때 가격이 얼만지, 디자인이 어떤지, 용도가 무엇인지 등의 기준을 갖고 있었습니다. 하지만 지금 바닥에 놓인 옷들을 과감하게 정리하려면 그런 일반적인 기준은 잠시 잊으세요. 생각할 점은 단 두 가지, '좋아하는 옷인가 아닌가'와 '자주 입는 옷인가 아닌가'입니다.

오른쪽 페이지의 그림은 그것을 좀 더 세분하여 4칸으로 나눈 것입니다. 일단 바닥에서 옷을 분류한 뒤에, 꼭 옷장에 들어가야 할 옷을 골라 넣을 거예요. 조금 번거로울 수는 있지만 이렇게 명확하게 기준을 세우고 실제로 바닥에 표시해두고 분류하면 머릿속으로만 생각할 때보다 정리가 훨씬 빠르고 쉬워집니다.

## How to.

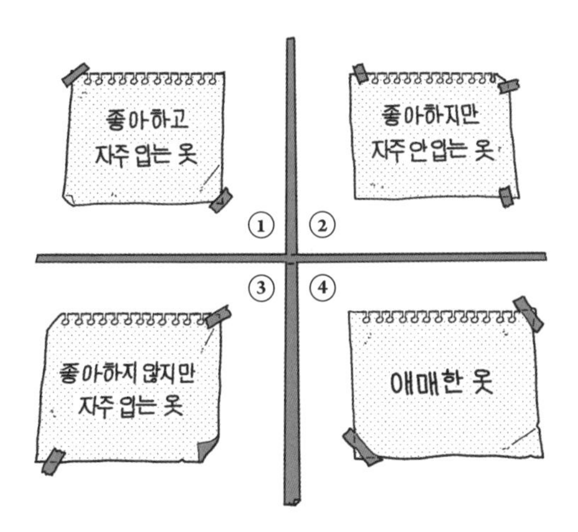


- 마스킹 테이프 등으로 눈에 보이게 선을 표시하면 좋습니다.
- 위의 그림과 같이 종이에 써서 4개의 칸에 각각 붙이세요.

□ 좋아하고 자주 입는 옷

□ 좋아하지만 자주 안 입는 옷

□ 좋아하지 않지만 자주 입는 옷

□ 애매한 옷

이제 옷장에 넣을 옷들을 본격적으로 골라내보도록 해요.

# '좋아하고 자주 입는 옷'을 고르세요

첫 번째 칸에 놓을 옷들입니다. 지금 내가 가장 사랑하고, 나에게 꼭 필요한 옷들이므로 해당 칸에 놓을 필요 없이 바로 옷장에 넣어도 됩니다.

### 좋아하는 옷이란?

입었을 때 기분이 좋아지는 옷입니다. 그 옷을 입으면 '내가 원하는 나의 모습'이 되기 때문에 기분이 좋아지죠. 지적인 사람처럼 보이는 게 좋고, 얼굴이 생기 있어 보이는 게 좋고, 센스 있어 보이는 게 좋을 수도 있어요. 각자가 원하는 나의 모습에 따라 좋아하는 옷은 천차만별입니다.

### 자주 입는 옷이란?

취향과 상황, 이 두 가지에 부합하는 옷일 때 자주 입게 됩니다. '자주'란 일주일에 두 번 이상을 말해요. 캐주얼과 포멀 중 어떤 것이 좋은지, 몸에 붙는 옷과 박시한 옷 중에서 어떤 것을 선호하는지 각자의 취향이 다르죠. 내 취향에 맞는 옷이라면 자연스럽게 더 자주 손이 갑니다. 또한 출퇴근을 하는 직장인인지, 육아 중인지 등 각자의 상황도 다릅니다. 지금 내 상황에 맞는 옷이라면 자주 입게 됩니다.

**Check point.**

아래의 옷들은 '좋아하는 옷'일 확률이 높습니다. 그중에서 '자주 입는 옷'을 골라내세요. '좋아하는데 자주 입진 않는 옷'은 **To do : 14**를 참고하세요.

**□ 입었을 때 내 모습이 마음에 드는 옷**

나도 모르게 자신감이 넘치고 어깨가 으쓱해지는 옷입니다.

**□ 입었을 때 주변 반응이 좋은 옷**

눈에 띄게 주변 반응이 좋은 옷이라면 나에게 잘 어울리는 옷이니 믿고 남겨도 좋습니다.

**□ 좋아하는 색, 좋아하는 패턴의 옷**

좋아하는 색과 어울리는 색이 반드시 일치하지는 않습니다. 하지만 입어서 기분이 좋아진다면 남길 이유가 충분하다고 생각해요. 단, 나에게 정말 안 어울리는 색이 무엇인지는 알고 피하면 좋겠죠. 패턴의 경우도 마찬가지입니다.

**□ 날씬해 보이는 옷**

핏과 길이가 적당히 맞으면 실제보다 슬림해 보여요.

**□ 편한 옷**

평범하고 편한 옷일지라도 그런 스타일을 좋아하거나 활동성을 중요하게 여긴다면 '좋아하고 자주 입는 옷'이 될 수 있습니다.

오늘 기분
좋아 보이네~!
좋은 일 있어?
잘 어울려!

첫 번째 칸의 옷들을 고르는 데 성공한 것을 축하합니다!

이 옷들은 기쁜 마음으로 옷장에 다시 넣어주세요.

To do : 13

# '좋아하고 자주 입는 옷'의 공통점을 발견해보세요

지금 옷장에 걸려 있는 옷들을 살펴보면서 오른쪽 페이지에 있는 질문에 대답해보세요.

## '내 스타일' 알아두기

'좋아하고 자주 입는 옷'들의 공통점을 적어두었다가 나중에 쇼핑을 할 때 참고하면 후회하지 않는 선택을 할 수 있습니다. 반대로 아무리 끌리더라도 공통점과 거리가 먼 옷이라면 사기 전에 다시 생각해보는 게 좋겠죠.

다만 이번에 확인한 '내 스타일'이 평생 유지되지 않는다는 걸 기억하세요. 나이와 라이프스타일에 따라 '내 스타일'도 자연스럽게 변합니다. 따라서 매년 옷장 정리를 할 때마다 '내 스타일'에서 수정할 것이 없는지 살펴보는 것이 좋습니다.

## Check point.

### 상의

□ 어떤 컬러가 많나요?

□ 어떤 라인이 많나요? (A라인/H라인/O라인)

□ 어떤 품목이 많나요? (티셔츠/블라우스/셔츠/그 외)

□ 어떤 소재가 많나요? (면/니트/시폰/레이스/폴리에스터/그 외)

### 하의

□ 어떤 컬러가 많나요?

□ 어떤 라인이 많나요? (스키니핏/슬림핏일자/슬림핏부츠컷/배기핏/와이드핏)

□ 어떤 품목이 많나요? (청바지/면바지/슬랙스/플레어스커트/H스커트/그 외)

### 겉옷

□ 어떤 컬러가 많나요?

□ 어떤 기장이 많나요? (허리/엉덩이/무릎/종아리)

□ 어떤 품목이 많나요? (재킷/코트/패딩/점퍼/그 외)

□ 어떤 소재가 많나요? (데님/리넨/모직/니트/그 외)

## Column 3. | '나'부터 알아야 '나만의 스타일'을 찾을 수 있다

'옷을 잘 입으려면 어떻게 해야 하나요?'라는 질문을 받곤 해요. 그럼 저는 이렇게 되묻습니다. '어떻게 입고 싶으세요?'

옷을 잘 입는 사람들은 자신만의 스타일을 가지고 있는데 그건 결국 옷으로 자신이 원하는 모습을 잘 표현해내는 거예요. 스타일링 공부를 많이 하거나 옷을 많이 사들인다고 해서 '스타일리시한 사람'이 되진 않습니다.

'나만의 스타일'을 찾고 싶은 욕심이 있다면 옷이 아니라 '나 자신'에 대해 먼저 공부해봤으면 좋겠어요. 지금 나는 사람들에게 어떤 이미지로 비춰지고 있나요? 나는 어떤 이미지를 가진 사람이 되길 원하나요? 내 신체 부위 중에서 강조하면 좋을 매력 포인트는 무엇인가요? 내가 좋아하는 옷 컬러는 무엇인가요? 내가 일하는 곳에서는 어떤 옷차림이 적절한가요? 나는 어떤 옷을 입었을 때 몸과 마음이 편안한가요? 이러한 질문들에 대한 답부터 찾은 다음에 '그런 걸 표현해줄 수 있는 옷이 무엇일까'를 생각해야 하는 것이죠. 사람은 스스로를 더 잘 알게 될수록 자신감이 생기고 자존감도 커져요. 나를 잘 알고, 나에게 맞는 옷을 당당하게 고를 때의 만족감은 생각보다 정말 크답니다.

옷이 많은데도 부족함을 느낀다면 문제는 옷이 아니에요. 내가 표현하고 싶은 모습이 잘 표현되지 않는다고 느끼기 때문에 자꾸 옷을 사게 되는 거죠. '나'에 대해 생각해보지 않고 반복적으로 옷을 산다면 쇼핑은 평생 계속될 겁니다. '오늘 어떤 옷을 입을까?'라는 질문은 '오늘의 나는 어떤 느낌이고 싶은가?'와 동일한 의미를 지니고 있다는 걸 꼭 기억하시면 좋겠어요.

물론 '나'를 분석하는 일도 결코 만만치 않아요. '이 책을 다 읽을 때쯤이면 당신의 스타일을 찾을 수 있어요!'라고 하고 싶지만, 좀 더 오랜 시간 고민하면서 답을 찾아가야 하는 일입니다. 이 책이 그 고민을 시작하는 계기가 되었으면 좋겠어요.

To do : 14

# '좋아하지만 자주 안 입는 옷'을 고르세요
## (이 중 일부만 옷장에 넣을 거예요)

두 번째 칸에 놓을 옷들입니다. 입을 때마다 기분이 좋긴 하지만 일상적으로 입는 것이 아니라 특별한 날에만 입는 옷들이죠. 그러니 많이 가지고 있을 필요가 없습니다.

### 비일상적인 옷은 개수를 제한하자

'좋아하지만 자주 안 입는 옷'을 많이 가지고 있을수록 옷장은 꽉 차 있는데 입을 옷이 없다는 생각이 자주 들 거예요. 대부분 1년에 몇 번 안 입는 옷들이기 때문이죠. 한 달에 한 번 입을까 말까 하는 옷은 자주 안 입는 옷이라고 봐야겠지요. 그런 옷은 계절별, 상황별로 1~3가지만 있으면 충분합니다.

## Check point.

**□ 결혼식, 가족 행사, 소개팅 때 입는 옷**

꼭 필요하지만 입는 빈도수가 낮기 때문에 많이 가지고 있을 필요가 없습니다.

**□ 연말 모임, 파티가 있을 때 입는 옷**

화려한 원피스, 큐빅이 가득 박힌 클러치, 금색 구두 등. 위의 '결혼식, 가족 행사를 위한 옷'과 겹칠 수도 있습니다.

**□ 여름휴가 때만 꺼내 입는 옷**

핫팬츠, 튜브 탑, 끈 원피스 등 노출이 많은 옷. 국내에서 입기는 부담스러워서 해외여행 갈 때만 입는 옷이 있을 수도 있습니다.

'좋아하지만 자주 안 입는 옷' 칸에 있는 옷 중에서 상황별로 가장 좋아하는 옷 1~3가지만 골라서 옷장에 넣으세요.

**To do : 15**

# '좋아하진 않지만 자주 입는 옷'을 고르세요
## (이 중 일부만 옷장에 넣을 거예요)

이런 옷이 지나치게 많으면 매일 옷을 입을 때마다 만족스러운 느낌보다는 '그저 그런' 느낌을 받게 됩니다. 개수가 너무 많아지지 않게 관리해줄 필요가 있어요.

---

### 별 생각 없이 습관적으로 입는 옷들

복장이 자유로운 회사에 다니거나 프로그래머, 연구직 등 사람을 대면하지 않아도 되는 직종에 종사하는 경우 '좋아하진 않지만 자주 입는 옷'을 많이 가지고 있을 확률이 높습니다. 회사에서 유니폼을 입거나(출근할 때 아무 옷이나 입어도 상관 없음) 프리랜서인 경우에도 마찬가지고요. 다음의 옷은 그런 옷일 확률이 높습니다. 골라서 세 번째 칸에 놓으세요.

□ 출근할 때 무난해서 입는 옷
□ 입으면 편해서 손이 가는 옷
□ 빨래하기 수월해서 가지고 있는 옷
□ 몸을 가려주는 박시한 옷
□ 어두운 색이라 날씬해 보이는 옷

**Check point.**

'좋아하진 않지만 자주 입는 옷' 칸에 놓인 옷 중 아래 항목에 해당하는 것만 옷장에 넣으세요. 나머지 옷은 처분합니다.

□ **출근할 때 고민을 줄여주는 옷**

아침마다 겪는 옷 스트레스를 없애주는 옷이기 때문에 일상에 도움이 됩니다.

---

□ **단순한 색, 심플한 디자인의 기본 스타일**

여러 아이템과 매치하기 좋습니다.

---

□ **꼭 필요한 기능성 의류**

신축성이 뛰어난 바지, 깃털처럼 가벼운 재킷 등 너무 편해서 포기할 수 없는 옷들도 있죠.

---

□ **체형의 단점을 가려주는 옷**

꼭 필요한 1~3가지만 남기세요.

---

'좋아하지 않지만 자주 입는 옷'이 지나치게 많으면
매일 옷을 입을 때마다 만족스러운 느낌보다는
'그저 그런' 느낌을 받게 됩니다.
개수가 너무 많아지지 않게 관리해줄 필요가 있어요.

오늘도
결국
이 옷인가…

## Column 4. | 이 옷, 정말 버려야 하나요

1:1 옷장 코칭을 하면서 의뢰인들이 자주 물어왔던 질문들을 정리해봤습니다. 버릴지 말지 계속해서 고민하고 있다면 참고해보세요.

**Q. 추억이 담긴 옷, 어떻게 해야 할까요?**

**A.** 예전에 어떤 모임에서 자신이 프러포즈할 때 부인이 입고 있던 코트를 아직도 보관하고 있다는 분을 만났어요. 지금은 유행이 지나서 입지 않지만 그 옷을 보면 좋은 추억이 떠올라 소중하게 간직하고 있다고요. 모임에서 누구도 그 옷을 버려야 한다고 이야기하지 않았어요. 저 또한 옷을 새로운 시각으로 바라보게 되는 경험을 했고요. 효용성이 낮다 하더라도 나에게 다른 가치가 있다면 그 옷은 간직해도 좋지 않을까요?

**Q. '좋아하는 옷'과 '잘 어울리는 옷'이 달라서 고민이에요.**

**A.** 예를 들어, 나는 앙증맞고 귀여운 디자인의 옷을 좋아하지만 고급스럽고 우아한 느낌의 옷을 입었을 때 주변에서 잘 어울린다는 칭찬을 많이 받는다면 어떤 스타일로 입어야 할지 혼란스럽겠죠. 저는 이때 '타인의 인정'과 '나의 취향' 사이에서 내가 더 중요하게 여기는 것이 무엇인지 생각해보라고 조언해요. 좋아하는 옷을 입어서 스스로 만족하는 것과 어울리는 옷을 입어서 주변의 칭찬을 받는 것, 나는 어떤 상황에서 더 큰 기쁨을 느끼는 사람인가요? 둘 다 포기할 수 없다면 시간과 노력을 투자해 좋아하면서도 잘 어울리는 옷의 접점을 찾아야 할 거예요.

**Q. 버리기 아까운데, 리폼해서 입으면 안 되나요?**

**A.** 쉬운 작업부터 한번 도전해보세요. 어차피 지금 입지 않는 옷인데 약간 품을 들여 다시 살릴 수 있다면 좋잖아요. 초보자도 쉽게 할 수 있는 리폼이 '가위로 옷의 기장을 잘라내는 것'이에요. 유행이 지난 긴 청바지를 발목까지 오는 9부 또는 여름에 입을 4부 길이로 잘라보세요. 반팔 티셔츠는 소매를 잘라 민소매로 바꿀 수도 있고요. 옷을 버리기 전에 가위를 들고 '어딘가 잘라내면 다시 입을 수 있지 않을까' 하고 살펴본다면 뜻밖의 아이템을 얻게 될 수도 있어요.

To do : 16

# 지금 바닥에 남아 있는 옷은 '애매한 옷'입니다

내가 가장 좋아하고 나에게 꼭 필요한 옷들은 모두 옷장에 들어간 상태입니다. 지금까지도 옷장에 들어가지 못했다면 자주 입지도 않으면서 자리만 차지하고 있거나 손이 가지 않는 옷들일 확률이 높아요. 과감하게 싹 처분하면 어떨까요?

## 아까워하지 마세요

겉은 멀쩡한 옷들이기에 바로 버리려고 하면 아까운 마음이 먼저 들 거예요. 하지만 솔직히 말하면 지금 안 입는 옷은 나중에도 안 입을 확률이 높습니다. 지금 당장 버려도 옷을 입는 데 전혀 불편함을 느끼지 못할 거예요. 심지어 그런 옷이 있었는지 기억조차 하지 못할 수도 있어요. 그럼에도 불구하고 당장 버릴 용기가 나지 않는다면 일단 박스에 보관하세요. 1년 뒤에 다시 꺼냈을 때도 여전히 손이 가지 않는다면(앞에서도 말했듯이 그럴 확률이 높아요) 이별을 하기가 수월해질 거예요.

**tip. 옷장 블랙리스트를 관리하세요**

사놓고 입지 않는 이 옷들의 공통점이 무엇인지 살펴보세요. 허리에 밴딩이 들어간 원피스를 입으면 뚱뚱해 보인다고 느끼나요? 온라인 쇼핑에 자주 실패하는 편인가요? 공통점을 파악해 다음번 쇼핑에서 그런 옷은 사지 않도록 노력해보세요.

기업은 불량 소비자를 관리하기 위해 '블랙리스트'를 만들고 어떻게 대처할지 매뉴얼을 만들죠. 내 옷장에서는 '애매한 옷'들이 그런 존재입니다. 나에게 금전적 손해를 끼치고 생활에 불편을 끼치죠. 이번에 공통점을 확인하고 넘어가지 않는다면 또 비슷한 옷을 사게 될 가능성이 큽니다.

예를 들어, 다음 두 개의 옷을 사놓고 입지 않는다고 해봅시다.

⇩

• 공통점 발견 : 입으면 배가 나와 보여 입지 않게 된다.

• 적용 : 마음에 드는 원피스를 발견했더라도 허리에 밴딩이 들어간 디자인이라면 구입하지 않는다.

## Column 5. | 옷 수납에도 노하우가 있나요

남긴 옷을 옷장에 어떻게 보관해야 할지 고민되시죠? 원하는 옷을 쉽게 찾아 꺼내 입고 청결하게 관리하는 간단한 노하우 몇 가지를 알려드릴게요.

### 옷을 라이프스타일에 따라 분리하기

보통은 같은 품목(티셔츠, 청바지, 니트 등)끼리, 같은 색깔의 옷끼리 모아서 보관을 하시죠. 그런데 회사 갈 때 입는 옷, 여행 갈 때 입는 옷, 데이트할 때 입는 옷 등등 라이프스타일에 따라 대략적으로 구획을 나눠 보관하면 꺼내 입을 때 정말 편리해요. 세세하게 분류하기 어렵다면 회사 갈 때 입는 옷만이라도 따로 분리해보세요. 아침에 뭘 입을까 고민하는 시간이 확 줄어들 거예요.

### 거는 옷과 개는 옷 구분하기

구김이 가지 않는 옷까지 다 걸어서 보관할 필요는 없어요. 접으면 주름이 생기는 옷만 옷걸이에 걸어서 보관하고, 나머지는 접어서 서랍에 넣으세요. 옷을 모두 걸어두면 옷장이 빡빡해서 옷을 꺼낼 때 불편합니다. 그리고 세탁소에서 쓰는 철제 옷걸이보다는 적당한 두께감이 있는 나무 옷걸이를 추천해요. 옷과 옷 사이에 틈이 생겨서 적절하게 통풍이 되거든요.

### 세탁한 옷과 입던 옷 분리하기

깨끗하게 관리하려면 입던 옷과 세탁한 옷이 섞이지 않는 것이 좋아요. 두세 번 입어도 되는 옷은 입고 나서 오픈된 수납장에 따로 정리하세요. 옷장에는 세탁한 옷만 둡니다.

### 지난 계절의 옷 보관은 이렇게

옷 박스는 앞부분이 투명해서 어떤 옷이 들어 있는지 확인이 가능한 것이 좋습니다. 그게 어렵다면 어떤 옷이 들어 있는지 바깥쪽에 써놓으세요. 이 박스 저 박스를 여는 수고를 덜 수 있습니다.

형태를 유지해야 하는 셔츠, 원피스, 재킷, 코트 등은 박스에 넣지 않고 옷걸이에 걸어서 보관해도 됩니다. 이 경우 옷장을 달리해서 보관하면 가장 좋지만, 그게 어렵다면 색깔 있는 옷걸이로 지난 계절과 지금 입는 옷 사이를 구분해주세요.

To do : 17

# 옷장에 걸려 있는 옷들을 찬찬히 살펴보세요

그 많던 옷 중에서 현재 내가 즐겨 입고, 나의 삶에 도움을 주는 옷은 겨우 이만큼입니다. (평소에 옷장 정리를 잘해온 분이라면 크게 차이가 나지 않을 수도 있습니다.)

**변화를 느껴보세요**

여백이 생긴 옷장을 보면서 속이 시원한 분도 있을 테고, 쓸데없는 옷을 사들이는 자신의 쇼핑 습관을 반성하는 분도 있을 거예요. 각자의 방식으로 전(before)과 후(after)의 차이를 느껴보세요.

**How to.**

오늘 하루는 나에게 꼭 필요한 옷만 남기고 나머지는 비우는 작업을 했습니다. 내일은 남아 있는 옷들을 어떻게 매치해서 멋지게 입을지, 추가로 구매할 아이템은 없는지에 대해 함께 고민해볼 거예요. 오늘 하루 정말 수고 많으셨습니다. 일요일 아침에 다시 만나요.

# Sunday.

아! 싹~ 다
정리하고 나니
개운하네!

...너무
버렸나?

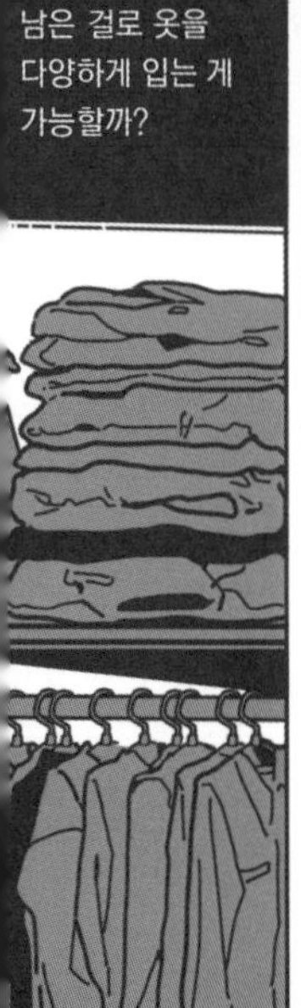
남은 걸로 옷을
다양하게 입는 게
가능할까?

매일 똑같이
입고 다닐 수는
없잖아.

그렇다고 아침마다
뭐 입을지 고민하는
것도 싫은데….

앞으로
옷을 어떻게
입어야 할까?

# Part : 4 일요일 오전

## 매치하기

SUNDAY : AM

**To do : 18**

# 내 삶에 딱 맞는 옷장을 만드는 날입니다

단순히 필요 없는 것을 버리는 정도의 옷장 정리라면 어제 다 끝냈습니다. 하지만 우리는 '내 삶에 딱 맞고 만족스러운 옷장'을 완성하기 위해 한 단계 더 나아갈 거예요.

## 옷 걱정 없는 옷장을 갖고 싶다면

아침마다 옷장 앞에 서서 '뭐 입을까', '왜 이렇게 입을 옷이 없지?' 하고 고민하시나요? 그런 고민을 없애려면 어떻게 해야 할까요? 첫째, 내 옷장에 있는 옷들을 어떻게 매치할지 잘 알고 있어야 해요. 똑같이 10개의 아이템을 갖고 있더라도 어떤 사람은 10가지 룩으로만 돌려 입고, 어떤 사람은 30가지 이상의 룩을 만들어냅니다. 최대한 다양하게 옷을 매치하는 작업을 오늘 오전에 해볼 거예요.

둘째, 부족한 아이템을 보충해야 해요. 부족한 아이템을 체크하는 작업은 오후에 해볼게요. 여기까지 마치면 이번 계절은 옷 걱정 없이 날 수 있게 될 거예요.

아무리 옷이 많아도 만들 수 있는 룩이 많지 않다면 부족하다고 느껴집니다. 반면, 옷이 많지는 않더라도 만들 수 있는 룩이 다양하다면 옷장에 대한 만족도는 높아져요.

그럼, 내 옷장 속 아이템을 다양하게 매치하는 작업부터 시작해볼게요.

To do : 19

# 옷장 속 아이템으로 '아웃핏'을 만들어봅니다

'아웃핏(outfit)'이란 상의, 하의, 신발, 가방, 액세서리 등을 모두 매치한 한 벌을 말합니다. 우리는 매일 아침 옷을 입을 때마다 하나의 아웃핏을 만드는 행위를 하는 것이죠.

**개별 아이템이 아니라 '한 벌'로 생각하기**

내 옷장 속 아이템으로 최대한 많은 아웃핏을 만들어보려고 합니다. 낱개의 아이템만으로는 의미가 없어요. 조화로운 '한 벌'을 만들 수 있어야 입고 나갈 수 있으니까요. 패션 매거진에서 코디법을 알려줄 때 오른쪽 그림과 비슷한 사진이 종종 나오는데요. 그렇게 내 옷장 속 아이템으로 미리 매치를 해보면 아침에 옷 고민하는 시간을 줄일 수 있어요. 이것저것 매치하는 과정에서 생각하지 못했던 조합을 발견하기도 하는데, 그건 새 옷을 사는 것과 동일한 효과를 낸답니다.

아웃핏 예시 1

아웃핏 예시 2

원래는 위의 그림처럼 옷, 신발, 가방, 액세서리까지 모두 다 포함해서 아웃핏을 만들어야 해요. 하지만 처음부터 그렇게 하면 고려할 요소가 너무 많아 복잡하니까, 이 책에서는 가장 기본이 되는 '옷'만으로 아웃핏을 만드는 연습을 해보겠습니다. 익숙해지면 신발, 가방, 액세서리까지 도전해보세요.

To do : 20

# 옷장에 있는 옷을 하나씩 꺼내면서 사진을 찍습니다

아웃핏을 만들 때 실제 옷으로 일일이 매치하면 시간과 에너지 소모가 큽니다. 하나씩 사진을 찍은 후 출력해보세요.

### 종이 인형 놀이를 하듯

출력한 사진을 오려서 종이 인형 놀이를 하듯 매치하면 여러 아이템을 쉽게 바꿔볼 수 있고, 이 매치가 조화로운지 한눈에 파악할 수 있어요. 아날로그의 즐거움도 느낄 수 있고요.
출력할 수 있는 상황이 아니거나 컴퓨터가 더 익숙한 분들은 컴퓨터 프로그램을 이용해도 됩니다. 저는 파워포인트(PPT) 프로그램을 이용할 때 가장 편했어요. 책에서는 출력해서 매치하는 방식을 기준으로 설명 드릴게요.

**유의하세요**

**1.** 사진 배경은 깨끗한 흰색 벽이나 바닥이 좋습니다.
**2.** 누런 조명 말고 흰색 조명 아래에서 찍으세요. 그리고 가급적 실제 색깔과 질감에 가깝게 찍도록 합니다. 실제와 다르게 보이는 휴대폰 사진 앱 등은 사용하지 않는 것이 좋아요.
**3.** 사진은 하나의 옷이 5×10cm 정도의 사이즈로 출력하면 적당한 것 같아요. 너무 크지 않아야 아웃핏을 만들었을 때 한눈에 보여서 편하답니다.

To do : 21

# '조연템'을 골라 테이블 왼쪽에 모아둡니다

어울리는 옷을 척척 골라 아웃핏을 만들면 좋겠지만, 만만한 일이 아니지요. 초보자도 쉽게 조화로운 아웃핏을 만들 수 있는 방법을 소개할게요. 베이스가 될 옷과 포인트가 될 옷을 골라 적절히 배합하는 거예요. 먼저 베이스가 되어주는 '조연 아이템'부터 골라봅시다. (줄여서 '조연템'이라고 부를게요.)

**조연템이란?**

디자인과 컬러가 튀지 않고 무난해서 아웃핏을 만들 때 베이스가 되는 아이템을 조연템이라고 합니다. 흰색 셔츠, 기본 일자핏 청바지처럼 어떤 아이템과도 잘 어우러지는 것들이죠. 뒤에서 '주연템'도 소개할 거예요. 영화나 드라마에서 주연과 조연이 만나 멋진 스토리를 만드는 것처럼, 하나의 아웃핏을 만들 때 주연템과 조연템을 잘 활용하는 것이 좋습니다.

체크포인트를 참고하여 조연템을 골라보세요. 그리고 테이블 왼쪽에 사진들을 모아두세요. (컴퓨터로 작업하는 분이라면 '조연템 폴더'를 만들고 그 안에 사진을 넣으세요.)

## Check point.

- □ 무채색 계열(검정색, 흰색, 회색)의 아이템
- □ 무난한 컬러(베이지, 네이비)의 아이템
- □ 장식 요소 없이 디자인이 심플한 아이템
- □ 개성이 강하지 않고 튀지 않는 아이템

대표적인 조연템의 예를 보여드릴게요.

**기본 흰색 셔츠**

디자인이 심플해도 컬러가 독특하다면 조연템이 되기 어렵습니다.

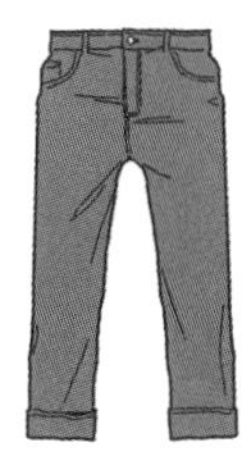

**기본 일자핏 청바지**

끝단 올이 풀리는 등 장식 요소가 있다면 조연템이 되기 어렵습니다.

**기본 H라인 스커트**

**기본 카디건**

**기본 라운드넥 니트**

**기본 트렌치 코트**

**To do : 22**

# '주연템'을 골라 테이블 오른쪽에 모아둡니다

'주연 아이템'을 줄여서 '주연템'이라고 부를게요.

**주연템이란?**

특징이 있고 눈에 띄어서 아웃핏을 만들었을 때 주연이 되는 아이템입니다. 전체 룩에 활력을 주는 포인트 아이템이라 할 수 있어요. 색이나 디테일이 화려한 것들이 많아요. 체크포인트를 참고하여 골라보세요. 그리고 테이블 오른쪽에 사진들을 모아두세요. (컴퓨터로 작업하는 분이라면 '주연템 폴더'를 만들고 사진을 넣으세요.)

## Check point.

☐ 원색 계열, 파스텔 계열, 채도가 높은 컬러의 아이템
☐ 반복되는 무늬나 패턴이 있는 아이템
☐ 장식 요소가 있거나 디자인이 독특한 아이템
☐ 멋내기 포인트용으로 사용할 만한 아이템

대표적인 주연템의 예를 보여드릴게요.

**패턴 있는 원피스**

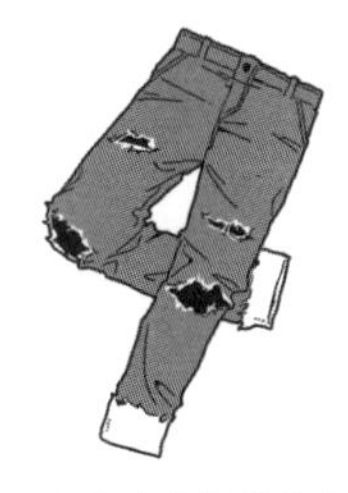

**무릎 찢어진 청바지**

**리본 달린 블라우스**

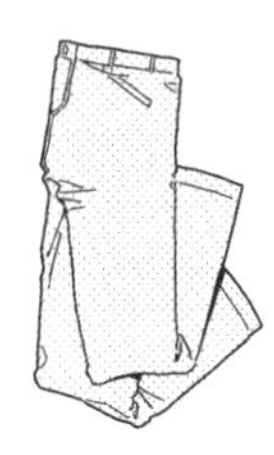

**연분홍색 슬랙스**
슬랙스 자체는 조연템이지만 컬러 때문에 주연템으로 분류!

**점프 슈트**

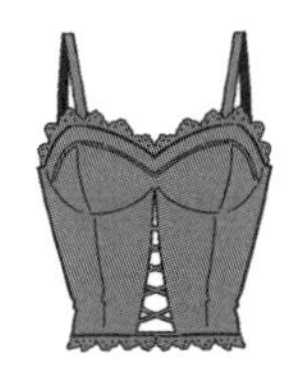

**뷔스티에**

To do : 23

# '상의 조연템×하의 조연템'으로 매치하며 아웃핏을 만들어보세요

조연템으로 분류해두었던 옷들을 돌아가면서 하나씩 매치해봅니다. 마음에 드는 아웃핏이 나오면 사진으로 찍어두세요.

**베이직하고 단정한 '상의 조연템×하의 조연템'**

'조연템×조연템' 매치는 대부분 잘 어울리기 때문에 마음에 드는 아웃핏을 쉽게 만들 수 있습니다. 이렇게 하나씩 매치해보면서 미처 생각하지 못했던 한 벌의 조합을 발견하기도 하고요.

## How to.

**흰색 셔츠**

×

**검은색 스키니진** **H라인 스커트** **일자핏 청바지**

**1.** 조연템 상의를 하나 고릅니다.

**2.** 조연템 하의를 하나씩 돌아가면서 모두 매치해봅니다.

**3.** 만든 아웃핏이 마음에 든다면 사진으로 찍어두세요. 저장해두어야 나중에 잊지 않고 똑같이 입을 수 있습니다.

**4.** 다른 조연템 상의를 골라 **1**~**3**을 반복합니다.

**tip.** 조연템끼리 매치하면 밋밋하지 않을까 걱정되시나요? 상의와 하의의 색이 대비되거나(예, 흰색 상의+짙은 회색 하의), 이너(inner)와 겉옷이 대비되면(예, 밝은 계열 이너+검정색 겉옷) 밋밋하지 않고 리듬감이 있어 보여요.

## Column 6. | 아웃핏을 쉽게 만드는 2가지 규칙

어떻게 하면 좀 더 쉽게 어울리는 한 벌을 찾아낼 수 있을까요? 비결은 '위에서 아래로', '안에서 밖으로' 코디하는 것입니다.

**위에서 아래로**

신발이나 하의를 정해두고 어울리는 상의를 찾는 것보다 상의를 기준으로 어울리는 하의를 찾는 것이 훨씬 쉽습니다. 그래서 이 책에서도 상의를 기준으로 어울리는 하의를 찾아보라고 제안하고 있어요.

**안에서 밖으로**

겉옷을 정해두고 이너를 맞추려고 하면 어렵습니다. 안에 입을 옷을 먼저 정한 뒤에 위에 걸쳐 입을 옷을 선택하세요.

이런 과정을 통해 상의, 하의, 겉옷을 정한 뒤에 신발과 가방, 그리고 멋을 더해줄 액세서리를 정하면 외출하기 좋은 한 벌이 완성됩니다.

아침마다 아웃핏을 만들어야 하는 여러분께 한 가지 더 말씀드리고 싶은 건, 매일매일 완전히 다른 아이템을 입으려고 너무 애쓸 필요는 없다는 거예요. 어제 입었던 것에서 딱 하나의 아이템만 바꿔도 새로운 아웃핏이 됩니다. 전체 룩에서 상의 하나, 하의 하나, 겉옷 하나, 가방이나 신발 하나만 뺀 뒤 그 자리에 어떤 것을 넣으면 어울릴지 고민해서 다음날 아웃핏을 결정해보세요. 또는 티셔츠나 셔츠 위에 또 다른 상의나 니트를 하나만 더해보세요(레이어드).

그런가 하면 같은 아웃핏도 간단한 스타일링으로 분위기를 바꿀 수 있어요. 바지의 끝단이나 셔츠의 소매를 접어 올려서(롤업) 경쾌하고 활동적인 느낌을 내거나, 상의를 하의에 넣어 입어서 분위기를 바꿔볼 수 있습니다(더 많은 스타일링 팁은 106쪽에). 이런 식으로 일주일을 코디해나가면 아웃핏을 만드는 것이 그리 어렵지 않다는 걸 깨닫게 될 거예요.

To do : 24

# '조연템×주연템'으로 매치하며 아웃핏을 만들어보세요

조연템을 베이스로 두고 포인트가 될 만한 주연템을 추가해봅니다. 마찬가지로 마음에 드는 아웃핏이 나오면 사진으로 찍어두세요.

**포인트를 살리는 '조연템×주연템'**

전체 아웃핏에서 상하의 중 딱 하나만 주연템으로 하고, 나머지는 모두 조연템으로 매치하는 것이 좋습니다. (패션 센스가 좋은 분이라면 주연템을 더 과감하게 많이 써도 괜찮습니다.)

## How to.

기본적으로 다음 2가지 경우의 아웃핏이 나올 수 있습니다.

**조연템 상의×주연템 하의**

흰색 셔츠×패턴 있는 스커트

**주연템 상의×조연템 하의**

화려한 디테일이 있는 블라우스
×일자핏 청바지

**주연템은 늘 하나만!**

겉옷을 입는 계절인 경우 '조연템 상의×조연템 하의×주연템 겉옷' 또는 '주연템 상의×조연템 하의×조연템 겉옷'처럼 세 가지 중 하나만 주연템으로 선택합니다.

**tip.** 이 책에서는 기본을 연습하기 위해 신발, 가방, 액세서리를 제외하고 옷으로만 아웃핏을 만들고 있는데요. 익숙해지면 신발, 가방, 액세서리까지 포함한 아웃핏을 만들 수 있게 될 거예요. 그땐 신발 하나만 주연템으로 선택하거나 가방 하나만 주연템으로 선택하는 아웃핏에도 도전해보세요.

**To do : 25**

# '주연템×주연템'으로 매치하며 아웃핏을 만들어보세요.

초보자에게 쉬운 일은 아니지만, 도전해볼까요? 주연템으로 분류해두었던 옷들을 돌아가면서 하나씩 매치해봅니다.

### 개성이 느껴지는 '주연템×주연템'

'주연템×주연템'의 조합은 '조연템×조연템', '조연템×주연템'에 비해 어울리는지 여부를 판단하기가 조금 어려울 수 있어요. 괜찮게 느껴지는 아웃핏을 일단 사진으로 찍어두었다가 실제로 입어보고 정확하게 판단하는 것이 좋습니다.

## How to.

**플라워 패턴 블라우스**

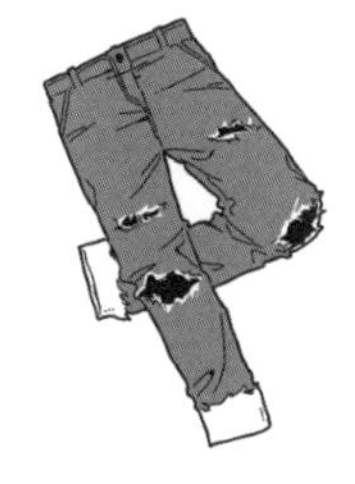

**오렌지색 스커트** **무릎 찢어진 청바지** **장식 요소가 있는 스커트**

**1.** 주연템 상의를 하나 고릅니다.

**2.** 주연템 하의를 하나씩 돌아가면서 모두 매치해봅니다.

**3.** 만든 아웃핏이 마음에 든다면 사진으로 찍어두세요.

**4.** 다른 주연템 상의를 골라 **1**~**3**을 반복합니다.

**tip.** 초보자에게 '패턴×패턴'의 조합(예를 들어, 플라워 패턴의 블라우스 ×체크 패턴의 바지)은 어려울 수 있어요. '패턴×단색'의 조합을 먼저 시도해보고 '패턴×패턴'을 순차적으로 시도해보면 좋습니다.

## Column 7. | 다양한 아웃핏을 위한 스타일링 팁

다음의 스타일링 팁을 참고한다면 같은 옷으로도 더 많은 옷을 가진 것 같은 효과를 낼 수 있을 거예요.

### 1. 청바지 활용하기

• 끝단 접어 입기(롤업)

어떤 상의, 어떤 신발과도 잘 어울리는 청바지는 누구나 가지고 있는 기본 아이템이죠. 청바지 끝단을 접어서 밝고 경쾌한 분위기를 내보세요. 단을 두껍게 접을수록 발랄한 느낌이 납니다. 집을 나서는 발걸음도 덩달아 가벼울 거예요. 단, 접은 곳에 자국이 남기 때문에 롤업용 청바지를 따로 두면 가장 좋아요.

### 2. 셔츠 활용하기

• 탑, 티셔츠 위에 셔츠 겹쳐 입기(레이어드)

셔츠의 앞 단추를 몇 개 풀거나 완전히 오픈합니다. 단추를 3~4개 풀어 깊은 V라인을 만들어주면 어깨가 넓은 사람은 어깨가 좁아 보이고, 얼굴이 동그란 사람은 갸름해 보이는 효과를 낼 수 있어요.

• 셔츠 앞쪽을 하의에 넣어 입기

일자로 뚝 떨어지던 셔츠 앞면을 하의에 넣으면 입체감이 생기면서 활동적인 느낌이 나고, 다리가 좀 더 길어 보이는 효과도 있습니다.

• 셔츠 위에 맨투맨, 니트 겹쳐 입기

밖으로 삐져나오는 셔츠를 하의 안으로 숨기면 깔끔한 느낌, 자연스럽게 밖으로 꺼내서 입으면 활동적인 느낌이 납니다.

### 3. 여름 아이템을 가을 · 겨울에 활용하기

한여름에만 입을 수 있는 아주 얇은 소재가 아니라면 겹쳐 입어서 가을과 겨울에도 활용할 수 있어요. 여름 아이템을 다른 계절에도 유연하게 입을 수 있으면 옷을 여러 벌 가진 효과를 낼 수 있어 더 가벼워진 옷장으로 사계절을 날 수 있지요.

• 여름 원피스 위에 겹쳐 입기

여름에서 가을로 넘어가는 시즌에는 반팔 원피스 위에 카디건을, 좀 더 쌀쌀해지면 다시 그 위에 코트나 아우터를 걸칩니다. 이러한 아웃핏은 더울 때 벗고, 추울 때 입을 수 있어서 환절기에 유용해요. 또는 원피스 위에 맨투맨 티셔츠, 니트를 겹쳐서 한겨울에 이너로 활용해보세요. 겨울에서 봄, 봄에서 여름으로 바뀔 때는 거꾸로 아이템을 하나씩 빼나가면 됩니다.

• 반바지와 스커트에 레깅스 더하기

여름 반바지나 스커트에 레깅스를 입고, 상의와 신발만 가을 겨울 옷으로 바꿔줘도 느껴지는 계절감이 다릅니다.

To do : 26

# 지금까지 찍은 사진을 나만의 코디북으로 활용하세요

뭐 입을까 고민될 때마다 오늘 찍어둔 아웃핏 사진들을 살펴보세요. 그중 하나를 골라서 똑같이 입기만 하면 되니까 정말 편리하답니다.

### 메뉴판에서 음식을 고르듯

휴대폰 사진첩에 '아웃핏' 또는 '코디북' 폴더를 만들어서 오늘 찍은 사진들을 따로 넣어두세요. '여름 아웃핏'처럼 계절별로 폴더를 나누면 더 좋고요. '회사 갈 때 아웃핏'처럼 상황별로 나누는 방법도 있습니다. 이렇게 나만의 코디북을 만들어서 활용하면 옷 입을 때 시간과 고민을 덜어줄 뿐 아니라 옷을 훨씬 더 다양하게 매치해서 입을 수 있어요. 보통은 고민하다가 맨날 입던 대로 입는 경우가 많거든요. 하지만 모든 경우의 수를 사진으로 볼 수 있기 때문에 내 옷장 속 아이템들을 200퍼센트 활용할 수 있습니다. 자연스럽게 옷장에 대한 만족도도 높아집니다.

오후에는 내 옷장 속 부족한 아이템을 추가하는 작업이 계속됩니다!

## 나의 '스타일 취향'을 발견해봅니다

보통 '옷 잘 입는 사람'이라고 하면 '타고난 센스'가 있는 사람이라고 여기는 경우가 많은데요. 저는 꼭 그렇진 않은 것 같아요. 옷을 잘 입는 사람은 나는 어떤 스타일을 좋아하고 어떤 스타일이 나에게 잘 어울리는지, 즉 자신의 스타일 취향이 무엇인지 알고 있는 사람이라고 생각해요.

타고난 센스가 없는 사람도 쉽게 스타일 취향을 발견할 수 있는 방법이 있습니다. 바로 '시각화 작업'을 해보는 건데요. 간단해요. 평소에 내가 입고 싶은 사진들이 보이면 차곡차곡 한곳에 모아보는 거예요. 휴대폰 폴더를 만들어서 저장해도 좋고, 매거진에서 마음에 드는 사진을 오려도 좋습니다. 사진이 어느 정도 쌓이면 이미지들의 공통점을 찾아보세요. 반복되는 아이템, 컬러, 패턴, 소재, 라인, 느낌 등이 보인다면 그게 바로 나의 옷 취향이에요. 머릿속에 어렴풋하게 있던 나의 취향을 눈으로 명확하게 확인할 수 있는 거죠.

내가 모은 사진에는 세련된 느낌의 무채색 옷들이 많은데 내 옷장에는 컬러풀하고 발랄한 느낌의 옷이 가득하다면. 또 사진 속에는 다양한 종류의 스커트와 원피스가 많은데, 내 옷장에는 스커트가 하나도 없다면 어떨까요? 옷을 고를 때마다 뭔가 마음에 들지 않는 것 같은 느낌을 지울 수가 없을 거예요. 내 취향이 옷장에 반영되어 있지 않기 때문입니다. 이런 경우 뭔가 부족하다는 느낌 때문에 계속해서 옷을 사기 쉬워요.

마음에 드는 스타일 이미지를 모으는 작업을 평소에 꾸준히 하면 내가 원하는 옷이 무엇인지 구체적으로 알 수 있게 될 거예요. 그런 옷을 몇 벌 옷장에 추가해주는 것만으로도 옷장에 대한 만족도를 확 높일 수 있습니다. 모아둔 사진에서 공통점을 찾는 작업을 할 때는 129쪽의 체크리스트를 참고하세요.

# Part : 5 일요일 오후

채우기

SUNDAY : PM

To do : 27

# 이제 옷장을 채울 준비를 합니다

내 옷장에 부족한 아이템은 무엇일까요? 추가로 구매해야 할 아이템이 무엇인지 즐거운 상상을 해보기로 해요. 체크해서 쇼핑리스트에 적는 것으로 우리의 주말 프로젝트는 완성됩니다.

### '쇼핑리스트'라는 즐거운 습관

옷장을 보니 혹시 '입을 옷이 없다'고 생각되진 않나요? 가진 옷을 잘 활용하지 못해서 그럴 수도 있지만(이 문제라면 일요일 오전에 아웃핏을 만들어보면서 해결되었을 겁니다) 심리적으로 만족스럽지 않아서일 수도 있어요. 옷은 많은데 정작 내 라이프스타일에 맞는 옷이 없거나 내 취향을 표현하는 옷이 부족하다면 입을 옷이 없다고 생각하게 되는 거지요. 그렇다고 무작정 쇼핑을 가서, 느낌에 의존해 옷을 고르면 악순환이 이어질 뿐입니다. 그러니 쇼핑을 나서기 전에 나에게 꼭 필요한 옷이 무엇인지 쇼핑리스트를 만드는 습관을 가져보세요. 일요일 오후 파트에서는 쇼핑리스트의 양식을 만들고 채우는 과정을 알려드릴게요.

**Before**

무작정 쇼핑을 할 때 : 뭘 골라야 할지 혼란스럽다.

**After**

쇼핑리스트가 있을 때 : 원하는 옷이 명확하다.

To do : 28

# 쇼핑리스트 양식을 만듭니다

종이(수첩, 노트, 포스트잇 등)와 펜을 준비하세요. 그리고 오른쪽 페이지의 그림처럼 표를 그려 넣습니다.

### 쇼핑리스트는 구체적이고 분명하게

보통은 쇼핑리스트를 쓰더라도 '흰 셔츠', '청바지'처럼 간단히 적곤 하시요. 하지만 그것만으로는 실제로 쇼핑할 때 어려움을 겪기 쉽습니다. 시크하고 포멀한 느낌의 흰 셔츠, 엉덩이를 덮는 원피스 스타일의 흰 셔츠, 소매에 레이스가 덧대어 있어 귀여운 느낌이 나는 흰 셔츠…. 흰 셔츠만 해도 종류가 너무나 다양하기 때문이에요.

현명한 쇼핑을 하려면 어떤 아이템이 필요하고, 어떤 상황에서 입을 옷이고, 어떤 디자인을 원하는지 쇼핑리스트를 구체적이고 명확하게 적을 필요가 있습니다. 예를 들어 '출근할 때 입을 상의(상황과 품목), 블라우스(아이템), 회색 슬랙스와 어울리는 포멀한 느낌의 밝은색(디자인)'처럼요.

## How to.

**상황과 품목** : 왜 필요한지, 어떤 상황에서 입을 옷인지 적어봅니다. 가지고 있는 옷 중에서 대체할 옷이 있는지도 체크해보세요.

예) 야외활동할 때 입을 아우터

**아이템** : 품목이 '상의'일 경우 블라우스, 니트, 맨투맨 티셔츠와 같이 구체적인 아이템을 적습니다. 예) 야상 재킷

**디자인** : 컬러, 패턴, 소재, 장식 디테일 등을 최대한 구체적으로 적습니다.

예) 밝은색, 방수 소재, 엉덩이를 반 덮는 정도의 기장

본격적으로 쇼핑리스트를 하나씩 채워나가볼까요?
물론, 꼭 필요한 아이템만 신중하게 적으셔야 해요.

**To do : 29**

# 계절에 꼭 필요한 '기본템'을 쇼핑리스트에 씁니다

'기본템'은 계절별로 꼭 하나씩은 갖추고 있으면 좋은 아이템을 말합니다. 이런 기본템이 없으면 옷을 매치하기 어려운 경우가 많으니 옷장을 점검해보고 부족한 아이템은 쇼핑리스트에 적으세요.

---

**필수 아이템을 갖추고 있나요?**

'기본템'이라고 할 만한 계절별 아이템들을 오른쪽 페이지에 정리했습니다. 내 옷장이 '기본'을 잘 갖추고 있는지 확인해보세요.

## Check point.

### 계절별 기본템 리스트

다음 옷들은 공통적으로 **1.단색의 2.심플한** 디자인이 좋습니다.

#### 봄/가을

**상의**

티셔츠

블라우스 또는 셔츠

환절기에 겹쳐 입을 니트

**하의**

청바지

면바지 또는 슬랙스

편한 스커트 또는 원피스

**겉옷**

어디든 걸치기 좋은 카디건

야상, 점퍼 등 캐주얼 아우터

재킷, 코트 등 포멀 아우터

#### 여름

**상의**

반팔 티셔츠

반팔 블라우스 또는 셔츠

**하의**

반바지

여름용 바지 또는 슬랙스

편한 스커트 또는 원피스

**겉옷** (필요한 경우에만)

여름용 캐주얼 아우터

여름용 포멀 아우터

#### 겨울

**상의**

긴팔 티셔츠

긴팔 블라우스 또는 셔츠

다른 상의 안에 입는 이너 티셔츠

니트

**하의**

겨울용 바지 또는 슬랙스

안감에 기모가 들어간 바지

편한 겨울용 스커트 또는 원피스

**겉옷**

야상, 점퍼 등 캐주얼 아우터

재킷, 코트 등 포멀 아우터

영하로 내려갈 때 입는 패딩

내 옷장이 '기본'을 잘 갖추고 있는지 확인해보세요.

무난하고
깔끔하네!

To do : 30

# '내 라이프스타일에 필요한 옷'을 쇼핑리스트에 씁니다

내 라이프스타일을 생각하며 옷장을 살펴보면 군데군데 빈 곳이 드러나기 마련입니다. 포멀한 옷을 입어야 하는 회사에서 대부분의 시간을 보내는데 옷장엔 캐주얼한 옷만 가득하다면? 매일 아침 입을 옷이 없다고 느끼는 게 당연하겠죠.

**내 라이프스타일의 빈자리 채우기**

내 옷장이 나의 라이프스타일에 맞게 구성되어 있는지 점검하고, 부족한 아이템을 찾아 쇼핑리스트에 써봅니다.

참고로, 쇼핑리스트를 쓸 때 품목, 필요한 상황, 아이템, 디자인 항목을 지금 한 번에 채울 필요는 없습니다. 언제 입을 옷인지(상황)는 아는데 구체적인 아이템은 떠오르지 않을 수도 있고, 어떤 디자인의 옷이 좋을지 아직 모를 수도 있어요. 시간을 갖고 고민하면서 천천히 찾아나가세요.

### Check point.

**다음 질문을 참고하여 내 옷장을 점검해보세요.**

□ 일주일 중에 가장 많은 시간을 보내는 일은 무엇인가요?
그때 입을 옷을 잘 갖추고 있나요?

□ 출근할 때 입을 옷을 충분히 갖추고 있나요?

□ 주말엔 보통 무엇을 하나요? 그때 입을 옷을 잘 갖추고 있나요?

□ 최근에 취업, 전직, 이직, 출산 등 삶이 바뀌는 사건이 있었나요?
새롭게 바뀐 삶을 위한 옷을 잘 갖추고 있나요?

## Column 8. | 라이프스타일을 캐주얼과 포멀로 구분하기

회사, 데이트, 친구 모임, 여행 등으로 삶을 구분해 각 상황별로 옷이 충분한지 확인해보는 방법도 있고 좀 더 간단하게 포멀한 옷을 입을 상황과 캐주얼한 옷을 입을 상황으로 구분해볼 수도 있습니다. 회사나 경조사는 포멀한 옷을 입을 상황으로 묶고 데이트, 모임, 여행 등은 캐주얼한 옷을 입을 상황으로 묶어서 생각해보는 거죠.

'캐주얼한 옷'은 티셔츠, 편한 면바지나 스커트, 야상 등 옷의 형태가 자유롭고 활동하기 편한 옷을 말하고, '포멀한 옷'은 블라우스, H라인 스커트, 트렌치 코트처럼 형태가 잡혀 있어서 단정한 느낌을 주는 옷을 말합니다.

제 옷장 코칭 경험을 떠올려보면, 캐주얼한 옷과 포멀한 옷의 적당한 비율은 다음과 같았어요. 내 옷장이 캐주얼한 옷과 포멀한 옷을 적절한 비율로 갖추고 있는지 체크해보세요. 참고로 '세미캐주얼'은 캐주얼한 옷과 포멀한 옷을 적절히 섞어서 입는 경우를 말합니다.

**20대 학생**

캐주얼 90% + 포멀 10%

**20~30대 직장인**

회사가 자율 복장인 경우 : 캐주얼/세미캐주얼 80% + 포멀 20%

회사에서 격식을 갖춰야 하는 경우: 포멀 50~80%(개인차가 큼)

**육아 중인 엄마**

편한 옷70% + 외출복 30%

(아이가 어리면 포멀한 옷을 입을 일이 거의 없기 때문에 편한 옷과 외출복으로 분류해보았습니다.)

**40대 이상 전업주부**

캐주얼/세미캐주얼 80% + 포멀 20%

**40대 이상 워킹맘**

회사가 자율 복장인 경우 : 캐주얼/세미캐주얼 80% + 포멀 20%

회사에서 격식을 갖춰야 하는 경우 : 캐주얼 30% + 포멀 70%(경조사, 모임 등에서 입을 옷 포함)

To do : 31

# 추가하면 좋을 '주연템' 또는 '조연템'을 쇼핑리스트에 씁니다

주연템은 컬러, 패턴, 디테일이 화려해서 전체 아웃핏에 활력을 주는 옷이에요. 조연템은 주연템을 받쳐주는 역할을 하는 베이직한 옷들이고요. 옷장에 조연템만 가득해서 스타일이 심심하다면 주연템을, 주연템만 많아서 옷 매치가 어렵다면 조연템을 추가해보세요.

## 주연템과 조연템의 비율

주연템과 조연템을 적절히 갖추고 있어야 옷을 맞춰 입기 편해요. 옷장 속 조연템과 주연템의 비율은 8:2 또는 7:3 정도를 추천합니다. 스타일링의 기본은 조연템을 베이스로 하면서 주연템으로 포인트를 주는 것이니까요. 주연템의 비율이 30퍼센트보다 높아지면 개성이 강한 옷들이 너무 많아져서 어울리는 옷을 찾기가 그만큼 더 까다로워집니다. 옷장을 훑어보면서 주연템과 조연템 비율을 체크해보세요.

## How to.

**Case 1.**

흰색, 회색, 검은색 조연템만 가득한 옷장이라면
화사하고 밝은 컬러의 주연템을 추가하면 어떨까요?

**Case 2.**

개성이 강한 주연템만 가득한 옷장이라면
베이직하고 무난한 조연템을 추가하면 어떨까요?

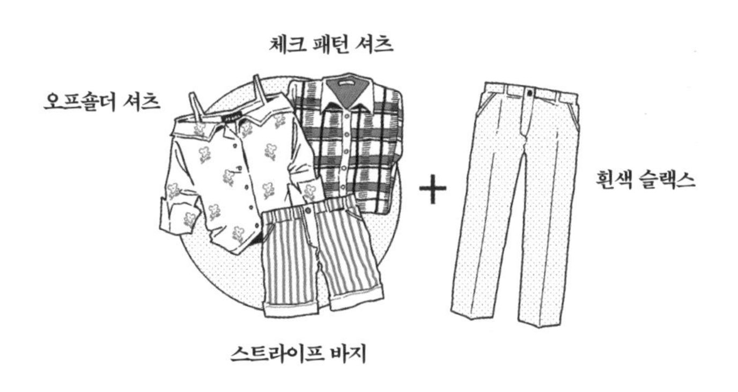

To do : 32

# 내가 '입고 싶은 스타일'은 무엇인가요

일요일 티타임 때 평소에 내가 입고 싶은 스타일의 옷 사진을 모아보라고 말씀드렸는데요. 그 사진들에 힌트가 있습니다. 평소에 모아놓은 사진이 없다면 지금 당장 한 시간 정도라도 인터넷이나 매거진에서 사진을 모아보면 어떨까요.

**나의 옷 취향 발견하기**

사진들을 보면서 느낌, 아이템, 디자인, 소재, 컬러 등의 공통점을 찾아보세요. 찾아낸 공통점은 쇼핑리스트를 채울 때 굉장히 유용합니다. 내가 좋아하고 입고 싶은 스타일만 모아놨기 때문이죠. 예를 들어, 사진 속에 유난히 플라워 패턴이 자주 보인다면 디자인 항목에 플라워 패턴을 넣어보세요. 또 유난히 롱 스커트가 자주 보인다면 롱 스커트를 아이템으로 추가할 수도 있죠. 이 과정을 통해 내가 표현하고 싶었던 나의 모습과 스타일에 한 발 더 가까워지게 될 거예요.

오른쪽 체크포인트를 참고하여 사진 속 옷들의 공통점을 찾아 적어보세요. 그리고 발견하게 된 공통점을 쇼핑리스트에 반영해보세요.

## Check point.

□ **어떤 종류의 아이템이 많은가요?**

예) 블라우스, 티셔츠, 카디건, 원피스, 청바지 등

□ **공통된 패턴이 있나요?**

예) 플라워, 체크, 스트라이프, 기하학적 무늬, 패턴 없음 등

□ **공통된 장식 디테일이 있나요?**

예) 리본 장식, 깃이나 소매의 모양, 텍스트나 일러스트 유무 등

□ **공통된 핏이나 라인이 있나요?**

예) 상의: 타이트핏, 루즈핏, 박스핏, 가오리핏 등

하의: 스키니핏, 슬림핏, 일자핏, 와이드핏 등

□ **어떤 소재의 옷이 많은가요?**

예) 면, 니트, 가죽, 시폰, 데님, 모직 등

□ **기장은 어떤가요?**

예) 상의/아우터: 엉덩이를 덮는, 엉덩이를 덮지 않는 등

스커트/원피스: 무릎 위, 무릎을 살짝 덮는, 종아리, 발목 등

바지: 반바지, 9부, 10부 등

□ **어떤 컬러의 옷이 많은가요?**

예) 무채색, 브라운, 레드, 블루, 핑크 등

□ **어떤 느낌의 옷이 많은가요?**

예) 편안하고 자연친화적인 느낌, 딱 떨어지는 오피스걸 느낌, 보헤미안 스타일 등

전문적인 패션 용어가 아니어도 괜찮습니다. 스스로 '이런 느낌 같다' 싶은 표현을 찾아보세요.

□ **그 외의 공통점이 보인다면 적어보세요.**

To do : 33

# 이번 계절의 쇼핑리스트가 완성되었습니다

쇼핑리스트에 쓴 아이템을 추가로 구매하세요. 기존에 가지고 있던 옷에 새로 구매한 아이템까지 더해진다면 이번 계절엔 옷 걱정 없으실 거예요.

### 옷장에 새로운 아이템 추가하기

아직 쇼핑리스트에 빈칸으로 남아 있는 항목이 있다면 조금 더 시간을 갖고 고민해보세요. 내가 좋아하는 옷이 무엇인지 이제 막 발견한 상태이기 때문에 쇼핑리스트를 완성하는 데 오래 걸릴 수도 있습니다. 다음엔 훨씬 빨라질 거예요.

이번 주말에 한 것과 같이 앞으로도 옷장 정리를 꾸준히 진행하면 추가로 구매할 아이템 수도 확 줄어들게 된답니다. 옷장 아이템이 차곡차곡 갖춰져 있을 테니까요. 실제 쇼핑할 때 꼭 알아두면 좋은 노하우는 132쪽에 담아두었으니 참고해주세요.

## How to.

내가 가장 좋아하고 자주 입는 것만 남긴

**기존 아이템**

현재 나의 삶과 취향을 반영해서 고른

**새로운 아이템**

**행복하게 옷을 입을 수 있는**
**이번 계절의 옷장이 완성됩니다.**

**tip.** 새 아이템을 구매하면 만들 수 있는 아웃핏도 몇 가지 더 생길 거예요.
새로운 아웃핏은 사진을 찍어 코디북에 추가해두세요.

## Column 9. | 실전 쇼핑 노하우

### 1. 한 계절에 쇼핑은 두 번

다음 계절로 넘어갈 때 옷장 정리를 하라고 말씀드렸는데요. 쇼핑리스트에 적은 아이템은 해당 계절이 시작될 때, 계절이 한창 진행 중일 때, 이렇게 두 번에 걸쳐 구입하면 좋습니다.

계절이 시작되기 한 달 전부터 이미 매장에는 그 계절의 옷이 나오기 시작해요. 다만 해당 계절의 아이템이 계속해서 생산되고 있기 때문에 내가 딱 원하는 아이템이 아직 없을 수도 있지요. 그래서 2차 쇼핑을 통해 1차에서 구매하지 못한 아이템을 채워 넣는 거예요. 유행하는 아이템을 추가로 채워 넣을 수도 있고요. 각 계절을 3개월씩으로 잡고, 봄을 예로 들어볼게요. 봄이 3월부터 5월까지라고 했을 때 봄옷 추가 쇼핑은 3월 초에 한 번, 4월 초에 추가로 한 번 더 하면 적당합니다. 그럼 남은 4월과 5월 2개월 동안은 완성된 옷장으로 옷 걱정 없이 옷을 입을 수 있어요.

### 2. 적정 예산을 정하세요

이번 계절을 위한 쇼핑에서 얼마까지 쓸 수 있나요? 예산을 미리 정해보세요. 소득 수준을 감안할 때 부담이 가지 않는 선에서 옷에 얼마나 투자할 마음이 있는지 생각해보세요. 개인의 성향에 따라 예산은 천차만별일 수 있어요. 어떤 사람은 비싸고 좋은 옷을 사서 오래 입는 걸 좋아할 수도 있고, 어떤 사람은 저렴하지만 가성비가 높은 옷을 선호할 수도 있죠. 예산은 쇼핑할 때 아주 중요한 구매 기준이 됩니다.

혹시 '무조건 싼 옷이 좋다'라고 생각하는 분이 있다면 가격이 전부가 아니라는 건 꼭 말씀드리고 싶어요. 우리가 옷을 사고 아깝다고 느끼는 건 비싼 옷을 샀을 때가 아니거든요. 돈 주고 산 옷인데 거의 입지 않을 때 헛돈을 썼다는 느낌이 들어요. 무조건 싼 옷, 무조건 비싼 옷보다 중요한 건 '내가 잘 입을 수 있는 옷인가'라고 생각해요. 아무리 저렴한 옷이라도 입지 않을 옷을 사는 건 낭비인 거죠.

### 3. 어디에서 쇼핑할지 정하세요

모든 매장을 다 둘러볼 필요 없어요(특히 오프라인 쇼핑일 때!). 온갖 매장을 헤매다가 결국 원하는 아이템을 찾지 못하고 허탕 치는 경우가 많은데요. 우린 이미 나의 '스타일 취향'을 알고 있기 때문에 그에 맞는 매장만 공략하면 됩니다. 저는 쇼윈도와 전체적인 매장 분위기를 둘러보면서 원하는 옷의 느낌과 비슷한지 살펴요. 그리곤 비슷한 느낌의 매장 두세 곳 정도만 집중적으로 공략하는 편입니다. 원하는 건 한정식인데 스파게티 집에 가진 말자고요!

### 4. 나에게 딱 맞는 옷 고르는 법

• 쇼핑리스트는 필수

미리 작성해둔 쇼핑리스트는 꼭 들고 나가세요. 어떤 상황에서 입을 옷인지, 어떤 아이템을 살지, 어떤 디자인을 선호하는지 미리 파악해두면 원하는 옷을 쉽게 찾아낼 수 있습니다.

• 앞만 보지 마세요

옷을 입어볼 때 많은 분들이 거울 앞에서 앞모습만 보시더라고요. 옷은 2D가 아니라 3D니까 옆태와 뒤태도 꼭 확인하세요. 그리고 가만히 서 있지만 말고 걷고, 앉고, 약간 움직여보세요. 그래야 활동할 때 불편함이 없는 옷인지 확인할 수 있어요.

• 여러 가지 컬러가 있다면 다 입어보세요

보통 같은 디자인의 아이템이 다양한 컬러로 출시되지요. 그냥 내가 좋아하는 색으로 고르지 말고, 하나씩 입어보면서 가장 잘 어울리는 컬러를 찾으세요.

• 수선비를 아끼지 마세요

가장 중요한 건 내 몸에 잘 맞는 핏(fit)이에요. 어깨, 가슴, 허리, 골반, 허벅지 등 모든 라인에 옷이 크지도 작지도 않게 딱 맞아떨어져야 합니다. 그런데 키와 체중이 같더라도 사람마다 라인이나 비율이 달라요. 그래서 수선이 꼭 필요합니다. 수선비를 아끼지 않아야 잘 입는 옷으로 만들 수 있어요.

허리는 얇은데 골반이 넓거나 허벅지에 살이 있는 편이면 하의 사이즈를 골반과 허벅지에 맞추세요. 그리고 허리를 수선으로 줄여서 핏을 맞춥니다. 상체에 살이 없는 편인데 어깨는 넓다면 어깨에 맞춰서 상의 사이즈를 고른 뒤에 가슴과 허리 부분 통을 줄입니다. 반면 어깨는 좁은데 가슴이 있는 경우 가슴 사이즈에 상의를 맞추는 것이 좋아요.

• 활용도가 높은 옷인지 따져보세요

어울리고 안 어울리고를 떠나서 잘 안 입게 되는 옷의 두 가지 공통점이 있는 것 같아요. 첫째, 단품으로 입지 못하고 다른 아이템의 도움을 받아야 입을 수 있는 옷은 잘 안 입게 돼요. 니트 소재의 반팔이 대표적인 예입니다. 니트라는 소재 때문에 가을이나 겨울에 입어야 하는데 반드시 카디건을 걸쳐 입어야 해서 번거롭죠. 앞이 V자 형태로 깊게 파인 상의도 마찬가지예요. 반드시 이너를 받쳐 입어야 하기 때문에 코디도 어렵고 손이 잘 가지 않게 됩니다. 둘째, 디자인이 과한 옷은 오래 입지 못하는 것 같아요. 세 가지 이상의 컬러가 섞여 있거나 화려한 부자재가 달려 있으면 다른 아이템과 어울리기가 쉽지 않아요. 지금 당장 괜찮아 보이더라도 앞으로 잘 입을 옷인지에 대해 한 번만 다시 생각해보면 좋을 것 같아요.

• 조명과 거울에 속지 마세요

매장 조명은 노랗거나 은은한 갈색빛인 경우가 많아요. 거울을 살짝 기울여 놓아서 실제 비율과 다르게 착시 효과가 일어나기도 하죠. 그래서 매장에서는 괜찮았는데 집에 와서 보면 느낌이 완전히 다른 경우도 있습니다. 보통 매장 내에 거울이 두세 군데 정도 있어요. 후회 없는 쇼핑을 하려면 조명의 영향을 가장 덜 받는 곳에 있는 평범한 거울 앞에서 어울림을 살펴보는 것이 좋아요.

**5. 마지막 결정의 순간**

마지막으로 순간의 행복이 아니라 내 삶에서 지속적으로 행복을 느끼게 해줄 옷인지 고민해보세요. 그것이 행복한 소비의 기본입니다. 그리고 선택권을 다른 사람에게 넘기지 마세요. 어떤 옷을 살지에 대한 최종 선택은 매장 언니, 엄마, 친구가 아니라 내가 해야 합니다. 그들이 나보다 나를 더 잘 안다고 생각해서 결정권을 주기 시작하면 나에게 맞는 옷에 대한 감각을 스스로 찾아갈 기회가 사라져요. 아직 내 옷을 스스로 고르는 능력이 부족해서 실패할 확률이 높다 해도 저는 스스로 선택했으면 좋겠어요. 지금 당장은 실패해도 괜찮거든요. 나만의 기준을 만들어가기 시작하는 단계라 생각한다면 가치 있는 실패라고 생각해요. 스스로의 기준을 갖고 깐깐하게 따져보고 확신에 찬 소비를 함으로써 '멋의 주인'이 될 수 있어요.

끄-읕!

폴썩
아—
홀가분해!!

## Epilogue.

주말 동안 정말 수고 많으셨습니다.

고생한 나에게 작은 보상을 해주면 어떨까요?
비싼 케이크 한 조각을 먹어도 좋고,
평소에 갖고 싶었던 액세서리 하나를 기념으로 사도 좋겠고요.
정리 인증샷을 친구나 지인들에게 보여주면서
작은 성취감을 느껴보는 것도 좋을 것 같아요.

여러분이 이틀 동안 한 일은

'단순 정리'가 아니라

내가 무엇을 원하는지 발견하는 연습이었어요.

그리고 조금 더 단단해지는 과정이었다고 생각해요.

'나만의 기준'으로 옷을 고를 수 있는 사람이라면,

삶의 다른 어떤 순간에도

'다른 사람이나 세상의 기준'에

쉽게 휘청거리지 않을 테니까요.

# After.

덜컹
꺄아악!!

허둥
부스스…
지둥
알람이 왜
안 울렸지?

주섬
좋아,
빠트린 거
없고….

톡

씨익

달칵
오늘은 미팅이 있으니까 포멀한 느낌으로…!
척
척
척
♪
그럼…
끼익
다녀오겠습니다!
쾅
아, 지각 안 하겠다!

**Editor's letter**

공부하는 책이 아니라 체험하고 실행하는 책이 되기를 바라며
33개의 To do list를 만들었습니다. 저도 이번 주말엔 꼭…. **민**
이 책은 '자기만의 방'이라는 브랜드 이름도 정해지기 전에 계약한 첫 번째 원고였습니다.
이제 와보니 아직 무엇이 될지 몰랐던 때였는데도,
되고 싶은 것이 무엇이었는지는 알고 있었던 것 같습니다.
자기만의 방 14번째 책도 당신의 일상에 놓이기를 바라며. **희**
미니멀 라이프에 도전해보니 차근차근 정리하면 네버 엔딩이더라고요.
가장 심란한 옷장 정리만큼은 화끈하게 이틀에 끝낼 수 있게 도와드리고 싶었습니다. **애**

**주말엔**
**옷장 정리**

**1판 1쇄 발행일** 2018년 11월 20일
**1판 2쇄 발행일** 2019년 6월 18일

**지은이** 이문연
**그린이** 김래현
**발행인** 김학원
**발행처** (주)휴머니스트출판그룹
**출판등록** 제313-2007-000007호(2007년 1월 5일)
**주소** (03991) 서울시 마포구 동교로23길 76(연남동)
**전화** 02-335-4422 **팩스** 02-334-3427
**저자 · 독자 서비스** humanist@humanistbooks.com
**홈페이지** www.humanistbooks.com
**시리즈 홈페이지** blog.naver.com/jabang2017
**디자인** 스튜디오 고민 **용지** 화인페이퍼 **인쇄** 삼조인쇄 **제본** 정민문화사

**자기만의 방**은 (주)휴머니스트출판그룹의 지식실용 브랜드입니다.


**ISBN** 979-11-6080-175-0 13590


이 도서의 국립중앙도서관 출판예정도서목록(CIP)은 서지정보유통지원시스템 홈페이지
(http://seoji.nl.go.kr)와 국가자료공동목록시스템(http://www.nl.go.kr /kolisnet)에서
이용하실 수 있습니다. (CIP제어번호: CIP2018034817)